Rémi Pin

L'évolution

De Darwin aux dernières découvertes

EDITIONS ESI

SOMMAIRE

LES PÈRES DE L'ÉVOLUTION

Lamarck, père de la biologie ... 8

Darwin, père de l'évolution ... 14

Mendel, père de la génétique ... 20

La molécule d'ADN ... 26

GÉNÉTIQUE ET ÉVOLUTION

Les facteurs d'évolution ... 32

La sélection naturelle ... 38

Les révélations des génomes ... 44

LE LONG CHEMIN DE L'ÉVOLUTION

Fossiles et datation ... 50

De la matière inerte à la vie ... 56

La première cellule vivante ... 62

Le monde microbien ... 68

Les cellules eucaryotes 74

Les premiers pluricellulaires 80

L'explosion du Cambrien 86

Le déploiement des végétaux 92

La sortie des eaux 98

La radiation des reptiles 104

Le règne des dinosaures 110

L'évolution des oiseaux 116

La radiation des mammifères 122

L'essor des primates 128

Du primate à l'homme moderne 134

De la bactérie à l'homme 140

Les extinctions d'espèces 146

Quel futur pour l'évolution ? 152

Sur les traces de l'évolution

De tout temps, l'idée d'une évolution des êtres vivants n'a cessé d'interroger l'homme et a connu pléthore de partisans et de détracteurs. Comprendre le monde au travers de l'évolution conduit à voir et à penser autrement, et ne plaît pas toujours. Le débat est loin d'être simple et fait intervenir sciences, philosophie et religion. La position créationniste, qui repose sur le fixisme, c'est-à-dire l'idée que les espèces sont immuables, a longtemps fait foi. Ainsi que nous l'explique la Genèse, dans le monde chrétien, les espèces sont immuables et ont dû être créées à l'origine par Dieu. Cependant, avec l'émergence des sciences naturelles, les progrès scientifiques du siècle des Lumières et la nécessité de classer et répertorier le monde, les premières brèches apparaissent dans l'édifice créationniste. Dans un premier temps, ce sont les difficultés pour classer les espèces et variétés similaires qui sèment le trouble chez les botanistes, même chez les plus conservateurs. Puis, avec le développement de la géologie et la naissance de la paléontologie, les interrogations sont devenues plus pressantes. Les fossiles, des traces de formes de vie passée et inconnue, sont sans cesse découverts aux quatre coins du monde. Dès lors, il devient de plus en plus évident que le monde n'a pas toujours été ce qu'il est, que sa faune et sa flore ont été différentes à d'autres époques. Le transformisme, c'est-à-dire l'idée que les espèces ne sont pas immuables, revient de façon récurrente dans l'esprit des hommes. Le naturaliste français Lamarck (1744-1829), aujourd'hui considéré comme l'un des fondateurs de la biologie, est un des premiers à élaborer une théorie, à savoir que les êtres vivants sont apparus sous des formes simples qui se complexifient et se transforment au fil du temps, en se renouvelant continuellement. Lamarck fait face aux railleries de ses nombreux détracteurs et ne parvient pas à convaincre ses contemporains de la véracité du transformisme. C'est dans ce contexte fertile en débats sur la diversité du vivant et sa variation qu'est née la théorie darwinienne. Ce n'est qu'au XIXe siècle que le concept de descendance avec transformation, l'évolution telle qu'on la conçoit aujourd'hui, est formalisé et doté d'un mécanisme cohérent par le naturaliste anglais Charles Darwin. Ses travaux sur l'évolution des espèces vivantes révolutionnent la biologie et façonnent la conception de l'évolution, en particulier grâce à la théorie de la sélection naturelle. Les interrogations de Darwin, sa réflexion, sa force logique, et son souci d'exhaustivité et d'argumentation font de ses travaux une avancée incontournable dans la conception de l'évolution. Après la parution en 1859 de *L'Origine des espèces*, un pas de géant est fait dans la compréhension de la vie passée, présente et future. Les travaux qui suivent les découvertes de Darwin, jusqu'à nos jours, n'auront de cesse de donner plus de crédit à la théorie de l'évolution formulée par le naturaliste anglais. Le botaniste Gregor Mendel (1822-1884) est communément reconnu comme le père fondateur de la génétique. Il est à l'origine de ce qui est aujourd'hui appelé les lois de Mendel, qui définissent la manière dont les gènes se transmettent de génération en génération. Sans le savoir, Mendel va révolutionner la compréhension de l'évolution, et va transformer les sciences de la vie du siècle à venir. Ses travaux ne seront toutefois pas acceptés de son vivant, mais quelques années après sa mort. Les découvertes majeures du XXe siècle, en tête la molécule d'ADN, support de l'information génétique, et toutes les percées scientifiques qui s'ensuivent, marquent à jamais notre compréhension de l'évolution. Mais dire que l'homme a saisi tous les mécanismes de l'évolution serait illusoire. Les fossiles, archives de la vie, ne laissent que des traces éparses, que des générations de paléontologues et scientifiques en tout genre n'auront de cesse de reconstituer. L'histoire qui mène au genre humain, depuis l'apparition des premières formes de vie, présente encore de nombreuses zones d'ombre. Dans quelles circonstances est apparue la première cellule, puis les formes de vie qui ont succédé ? Quels chemins la vie a-t-elle empruntés pour aboutir à l'extrême diversité de la biosphère ? En remontant dans les temps géologiques, l'histoire de l'homme se mêle à celle des primates, des mammifères, des reptiles, des premières formes de vie à avoir colonisé les continents, les océans, et même aux premières bactéries. Quels sont les mécanismes qui façonnent les êtres vivants depuis plus de trois milliards d'années ? La génomique offrent plusieurs solutions, mais les molécules qui nous composent sont encore loin d'avoir livré tous leurs secrets. Toutes ces questions, des générations d'hommes avant nous se les sont posées, et assurément elles mobiliseront beaucoup d'autres après nous. Mais l'état des connaissances actuelles fournit déjà de fabuleux éléments de réponses.

Lamarck, père de la biologie

Le naturaliste français Lamarck utilise pour la première fois le terme biologie pour désigner l'étude des êtres vivants. Il est aussi un des premiers à proposer une théorie de la vie et de l'évolution des êtres vivants différente du créationnisme.

La fin du XVIIIe et le début du XIXe siècle en France constituent une période fascinante dans les avancées conceptuelles et les découvertes scientifiques majeures. C'est notamment à cette époque que la biologie moderne prend son envol. Jean-Baptiste-Pierre-Antoine de Monet, chevalier de Lamarck, est une figure de proue de ces idées. Il est un des novateurs les plus brillants, mais aussi l'un des plus décriés. Il laisse derrière lui de formidables avancées dans diverses sciences de la nature : botanique, physique, paléontologie et zoologie notamment.

Une vie dédiée à la science

Lamarck naît en 1744 à Bazentin-le-Petit dans la Somme. Il poursuit des études chez les jésuites d'Amiens avant d'entamer une carrière militaire en 1761. Obligé de quitter l'armée en 1765, à la suite d'un accident, il se consacre à des études de médecine et se passionne pour la botanique. En 1779, l'Imprimerie royale publie sa *Flore française*, un ouvrage de botanique permettant aux amateurs les moins instruits en sciences de reconnaître toutes les plantes du territoire français. La communauté scientifique de l'époque est surprise qu'il ait pu réaliser un tel ouvrage, car Lamarck est resté silencieux, tant sur l'étendue de ses connaissances que sur l'originalité de ses idées. En réalité, cet ouvrage est le fruit de dix années de travail. Il lui apporte une notoriété immédiate, et s'épuise rapidement. Il lui vaut d'être élu à l'Académie des sciences l'année suivante.

En 1793, il contribue à la transformation du Jardin du roi au Muséum national d'histoire naturelle. La même année, il devient professeur de zoologie, en charge de la chaire des Insectes, Coquilles et Vers. Lamarck enseigne la zoologie des invertébrés et fonde également la paléontologie des

© Lenivitz Production/Irina Sarnavska

Lamarck est l'un des premiers à défendre la théorie du transformisme chez les êtres vivants.

invertébrés. C'est donc à Lamarck qu'incombe la charge d'étudier 90 % des espèces animales vivantes sur terre pour le Muséum national d'histoire naturelle. Il commence par délimiter son domaine d'étude et fonde pour cela les concepts d'*animaux sans vertèbres* (les invertébrés) et les *animaux à vertèbres* (les vertébrés), ce qui est déjà une avancée majeure à laquelle tout biologiste moderne se réfère naturellement. Il tente ensuite d'établir un classement des invertébrés. Avec une des plus grandes collections du monde, il commence par établir des subdivisions pour les associer à divers degrés. Chaque organisme est classé selon le nombre d'organes, la présence ou non d'un tube digestif, d'un appareil circulatoire, d'un appareil reproductif...
On attribue à Lamarck l'invention du mot « biologie » pour désigner la science des êtres vivants.

C'est en effet dans l'ouvrage *Hydrogéologie* publié en janvier 1802 que Lamarck emploie le terme pour la première fois. Dans un autre livre paru la même année, il définit ce terme en ces mots : « *C'est une des trois parties de la physique terrestre ; elle comprend tout ce qui a rapport aux corps vivants, et particulièrement à leur organisation, à ses développements, à sa composition croissante avec l'exercice prolongé des mouvements de la vie, sa tendance à créer des organes spéciaux, à les isoler, à en centraliser l'action dans un foyer.* »

Une vision de l'évolution

Lamarck passe beaucoup de temps à déterminer la spécificité des êtres vivants par rapport aux objets inanimés qu'étudie la physique. Avant toute chose, il expose une théorie physique des êtres vivants. En 1809, Lamarck publie *Philosophie zoologique*. Il formule une théorie scientifique globale qui tente d'expliquer les transformations des êtres vivants dans leur progression du simple vers le complexe. Il considère que les êtres vivants les plus simples apparaissent par génération spontanée. Ces êtres sont de petites masses gélatineuses parcourus de quelques mouvements de fluides internes. Lamarck défend l'idée que cette matière a une tendance naturelle à se compliquer grâce aux fluides qui modifient le tissu cellulaire dans lequel ils se meuvent. La vie se développe de l'inférieur vers le supérieur de façon progressive et régulière. À partir de ces êtres très simples, se forment des êtres un peu plus complexes, bénéficiant de l'organisation des premiers, qui leur a été transmise. À partir d'eux se forment d'autres êtres encore plus complexes, et ainsi de suite, jusqu'à ce que soient formés des êtres vivants aussi compliqués que les mammifères et l'homme. Et cela sans faire appel à autre chose qu'aux lois de la physique.

Lamarck propose ainsi une vision révolutionnaire du vivant : les organismes les plus simples sont arrivés en premier sur terre, puis ont suivi les organismes complexes. Suivant cette idée, il élabore ensuite une théorie de la transformation et de l'évolution. Cette dernière consiste en deux tendances opposées, d'une part la complexification sous l'effet de la dynamique interne, qui enrichit les organismes d'organes et de fonctions nouvelles, et d'autre part une tendance à la diversification des organismes en fonction des circonstances qu'ils rencontrent, c'est-à-dire une forme d'adaptation de l'être vivant à son milieu.

La publication de *Philosophie zoologique* puis de son *Histoire naturelle des animaux sans vertèbres* (écrit entre 1815 et 1822) lui vaut d'être considéré comme le fondateur du transformisme. Il devient le premier défenseur en France de cette théorie radicalement révolutionnaire et à contre-courant.

Lamarck soutient que les proportions de la girafe sont causées par son mode de vie.

Un défenseur du transformisme

Lors de ses études, Lamarck réalise en effet que plusieurs espèces actuelles de moules et de mollusques possèdent des ressemblances troublantes avec certaines espèces fossiles considérées comme éteintes. Il en conclut que de nombreuses séries phylétiques (séries généalogiques biologiques) ont subi un changement lent et progressif au cours du temps. À partir de ses observations, Lamarck en déduit que les individus s'adaptent à leur milieu. Si les conditions climatiques ou géologiques changent durablement, les êtres vivants transforment leur corps, même si ce phénomène n'est pas contrôlé. De plus cette transformation est transmissible à la descendance, c'est la théorie de l'hérédité des caractères acquis. Pour Lamarck, ces modifications sont graduelles et non perceptibles à l'échelle humaine. Pour étayer sa thèse, il cite en exemple le cou de la girafe qui s'est allongé pour atteindre les branches hautes des arbres. Voici une citation de Lamarck tirée de l'*Exposition des considérations relatives à l'histoire naturelle des animaux* écrite en 1809 : « *Je vais maintenant démontrer que l'emploi continuel d'un organe, avec des efforts faits pour en tirer un grand parti dans des circonstances qui l'exigent, fortifie, étend et agrandit cet organe ou en crée de nouveaux qui peuvent exercer des fonctions devenues nécessaires.* [...] *Relativement aux habitudes, il est curieux d'en observer le produit dans la forme particulière et la taille de la girafe (camelopardalis) : on sait que cet animal, le plus grand des mammifères, habite l'intérieur de l'Afrique, et qu'il vit dans des lieux où la terre, presque toujours aride et sans herbage, l'oblige de brouter le feuillage des arbres, et de s'efforcer continuellement d'y atteindre. Il est résulté de cette habitude soutenue depuis longtemps, dans tous les individus de sa race, que ses jambes de devant sont devenues plus longues que celles de derrière, et que son col s'est tellement allongé, que la girafe, sans se dresser sur ses jambes de derrière, élève sa tête et atteint à six mètres de hauteur* [...]. *Les efforts dans un sens quelconque, longtemps soutenus ou habituellement faits par certaines parties d'un corps vivant, pour satisfaire des besoins exigés par la nature ou par les circonstances, étendent ces parties, et leur font acquérir des dimensions et une forme qu'elles n'eussent jamais obtenues, si ces efforts ne fussent point devenus l'action habituelle des animaux qui les ont exercés.* » D'après cet axiome, une fois un caractère apparu, il est transmis directement à la génération suivante. Une théorie qui se révèle néanmoins fausse, ou plutôt un peu simpliste. Un homme avec de très bonnes capacités physiques ne transmettra pas nécessairement ces qualités à ses enfants.

Le premier évolutionniste

La théorie lamarckienne vaut à son auteur d'être raillé par ses pairs. Premier évolutionniste de son temps, Lamarck n'a pas réussi à prouver sa théorie par l'expérimentation. En quoi Lamarck s'est-il trompé pour qu'il apparaisse comme un évolutionniste à ne pas suivre plutôt qu'un évolutionniste accompli ? En réalité, le naturaliste français n'a pas compris que le mécanisme principal de l'évolution est la sélection naturelle, et que par conséquent, l'évolution n'est pas un phénomène qui concerne les individus mais bien les populations. Il trouve de plus en l'anatomiste Georges Cuvier un vif adversaire opposé à sa théorie. Les deux hommes s'opposent farouchement, Cuvier étant un partisan de la fixité des espèces qui s'échine tout le long de son existence à entraver la diffusion des idées transformistes. La polémique de Cuvier et Lamarck reste aujourd'hui comme un splendide exemple de la vanité humaine. Il est possible et même probable que ces deux personnalités auraient pu déboucher à la formulation correcte de la théorie de l'évolution un demi-siècle avant Darwin, s'ils avaient confronté leurs points de vue et leurs données.

À RETENIR

- Lamarck est l'un des premiers à utiliser le terme de « biologie » pour désigner la science qui étudie les êtres vivants. Il est à l'origine d'avancées notables dans de nombreux domaines scientifiques : botanique, paléontologie, zoologie…

- Il est l'auteur de la *Flore française* en 1779, un ouvrage qui permet à chacun de reconnaître toutes les plantes du territoire français sans avoir de formation en botanique.

- Au cours de sa carrière, Lamarck développe une théorie de l'évolution. Il considère que les êtres vivants les plus simples apparaissent par génération spontanée, puis arrivent les organismes complexes grâce à la complexification du vivant.

- Il théorise l'idée de la transmission des caractères acquis. C'est-à-dire que tout ce qui a été acquis ou changé dans l'organisation des individus pendant le cours de leur vie est transmis aux générations suivantes.

- Les scientifiques n'ont retenu de Lamarck que l'hypothèse fausse de l'hérédité des caractères acquis alors qu'il fut l'un des rares et des premiers à défendre l'idée d'évolution.

Darwin, père de l'évolution

Charles Darwin est l'homme qui a apporté le plus à la compréhension de l'évolution. Ses travaux ont permis de formuler scientifiquement l'idée évolutionniste grâce à l'immense quantité de données collectées. Il est le premier à avoir expliqué l'infinie variété des formes de vie.

Né en 1809 en Angleterre, Charles Darwin tombe amoureux de la nature dès son enfance : il est poussé par la volonté de comprendre la biodiversité de la planète, et s'intéresse très vite aux forces physiques qui modifient l'apparence des espèces. Darwin passe l'été 1825 comme apprenti médecin auprès de son père, qui soigne les pauvres du Shropshire, en Angleterre. À l'automne de la même année, il part en Écosse, à l'université d'Édimbourg pour y étudier la médecine, pressé par l'influence familiale. Les cours l'ennuient et la brutalité de la chirurgie de l'époque le révolte. Il délaisse rapidement ses études et finit même par les abandonner définitivement après deux ans. En 1827, il change de voie et commence à étudier la théologie à Cambridge pour devenir pasteur. Peu intéressé par les cours il continue de se passionner pour la diversité des formes de vie et en particulier pour sa propre collection de coléoptères.

Le périple du *Beagle* : un voyage initiatique

Sans diplôme, mais avec son bagage de connaissances en médecine, en théologie et en sciences naturelles, le jeune Darwin s'embarque sur *Le Beagle* le 27 décembre 1831, un navire en partance pour cartographier les côtes d'Amérique du Sud. Le bateau part de Plymouth et fait route à travers l'Atlantique jusqu'au Brésil, puis il continue par étapes vers le sud pour doubler le Cap Horn et remonter le long des côtes du Pacifique. Ensuite par les îles de la Société et la Nouvelle-Zélande, *Le Beagle* atteint l'Australie, puis continue vers l'océan Indien, retraverse l'Atlantique et rejoint son point de départ. Le voyage aura presque duré cinq ans. Darwin n'a

Les travaux de Darwin sur l'évolution des espèces vivantes ont révolutionné la biologie.

que 21 ans à l'époque où il embarque pour cette expédition. Il fait partie intégrante de la mission, mais son rôle n'est pas fondamental : il est recruté sans rétribution et avec une qualification très modeste. Darwin est responsable de recueillir et de conserver les animaux, les plantes et les roches des terres lointaines des côtes afin de mieux les connaître. Durant le voyage, il étudie la géologie des îles et des continents abordés, mais il va surtout collectionner les spécimens et les fossiles des espèces qu'il va rencontrer. Animé d'une passion profonde pour les sciences naturelles, Darwin recueille une énorme quantité de données scientifiques qu'il envoie au fur et à mesure au British Museum. Il consigne également toutes ses expériences dans un journal qui est publié peu de temps après son retour. Ce voyage va véritablement conditionner les découvertes de Darwin, et le conduira, 28 ans plus tard, à publier son célèbre ouvrage *L'Origine des espèces* (1859), dans lequel est tracée pour la première fois de façon globale, détaillée et compréhensible la théorie de l'évolution biologique.

La descendance avec modification

C'est surtout dans les îles Galápagos, en 1835, que ses observations l'amènent à élaborer l'ébauche de sa théorie. Il remarque que les oiseaux retrouvés sur plusieurs îles très proches les unes des autres présentent des différences notables. Tous les oiseaux qu'il a pu découvrir et qu'il a rapportés de son voyage sont en fait issus d'un même groupe. Treize espèces de pinsons sont ainsi identifiées, qui en apparence sont très différentes, spécialement au niveau de leur bec. Certains ont des becs allongés et fins, d'autres ont des becs larges, d'autres encore ont des becs coniques. Darwin découvrira plus tard que, selon l'île sur laquelle ils vivent, les pinsons se sont diversifiés et adaptés à différentes sortes de nourriture. Lors de son voyage en Amérique du Sud, Darwin trouve aussi des fossiles de grands tatous et de paresseux. Il constate que si les espèces sont encore présentes, elles ont beaucoup diminué de taille.

Dès son retour en Angleterre en 1836, Charles Darwin étudie tous les spécimens rapportés, les rapproche, et commence à élaborer sa théorie de l'évolution. Il fait ensuite une autre découverte en étudiant le développement des embryons. Il remarque que l'embryon de serpent présente des ébauches de pattes et en conclut que le serpent descend probablement d'un animal à pattes. De la même manière, chez l'embryon humain, comme chez ceux des poissons, on remarque des fentes qui donneront les osselets de l'oreille moyenne chez l'homme et les ouïes chez les poissons. Darwin trouve une raison à l'incroyable diversité du vivant : à partir d'un ancêtre commun, les espèces peuvent évoluer et changer radicalement. Ce gain, ou cette perte de caractéristiques, Darwin l'appelle *la descendance avec modification*. En introduisant ce concept, Darwin donne une tout autre vision de la classification naturelle. Il développe l'idée d'un arbre de vie qui relie toutes les espèces. La structuration de la biodiversité actuelle n'est que le résultat d'une longue histoire, il ne peut y avoir qu'une seule classification naturelle puisqu'il n'y a qu'une seule histoire de la vie sur terre.

La théorie de la sélection naturelle

Reste à Darwin de trouver la réponse à une question : Pourquoi les êtres vivants changent-ils ? Pendant qu'il continue ses recherches à Londres, Darwin s'intéresse à l'*Essai sur le principe de population* de Thomas Malthus. L'auteur y explique notamment qu'en raison du taux de natalité,

C’est en étudiant la faune des Galápagos que Darwin ébauche sa théorie de l’évolution.

la population humaine peut doubler tous les 25 ans, mais que, dans la pratique, cette croissance est freinée par la mort, la maladie, les guerres et la famine. Darwin comprend que cela s'applique aussi au conflit entre les espèces, à la lutte pour la vie parmi les animaux sauvages, et que c'est là la raison pour laquelle les effectifs d'une espèce demeurent relativement stables. Comme les espèces se reproduisent toujours plus qu'il n'y a de ressources disponibles, les variations favorables rendent les organismes qui en sont porteurs plus aptes à survivre et à transmettre ces variations à leur progéniture, tandis que les variations défavorables finissent par disparaître. S'ensuit la formation de nouvelles espèces. Ainsi la nature, véritable champ de bataille, est en fait un procédé créatif, ceux qui survivent sont ceux qui sont le plus adaptés à leur environnement. Le principe de la sélection naturelle est né, la clé de l'évolution et de la création de nouvelles espèces. Darwin présente ses résultats en publiant *Sur l'origine des espèces au moyen de la sélection naturelle, ou la Préservation des races les meilleures dans la lutte pour la vie*, titre d'habitude raccourci sous la forme *L'Origine des espèces*. L'ouvrage rencontre auprès du public un succès inattendu. Le tirage entier de 1 250 exemplaires est déjà réservé quand il est mis en vente chez les libraires le 22 novembre 1859.

Sa théorie est exposée de façon simple dans l'introduction. « *Comme il naît beaucoup plus d'individus de chaque espèce qu'il n'en peut survivre, et que, par conséquent, il se produit souvent une lutte pour la vie, il s'ensuit que tout être, s'il varie, même légèrement, d'une manière qui lui est profitable, dans les conditions complexes et quelquefois variables de la vie, aura une meilleure chance pour survivre et ainsi se retrouvera choisi d'une façon naturelle. En raison du principe dominant de l'hérédité, toute variété ainsi choisie aura tendance à se multiplier sous sa forme nouvelle et modifiée.* »

Darwin, un génie controversé

Avant que ne soit formulée la théorie de l'évolution au moyen de la sélection naturelle, il n'existe encore aucune idée précise sur les origines du monde vivant. On se limite à affirmer que le monde a dû être créé par Dieu. Dès sa sortie, son livre provoque une controverse que Darwin suit de près, conservant les coupures de presse avec les recensions, les articles, les railleries, les parodies et les caricatures. L'évolution par la sélection naturelle est largement discutée, voire dénigrée, particulièrement dans les communautés religieuses et scientifiques. Les critiques hostiles ont très tôt fait de tirer les conséquences qui ne sont pas exprimées, comme le fait que les hommes descendent des singes.

Pourtant, dans *L'Origine des espèces*, Darwin ne parle pas des origines de l'homme. Dans l'ouvrage, sa seule allusion à l'évolution chez l'homme est l'affirmation que *« des lumières seront jetées sur l'origine de l'homme et son histoire »*. Il évite ainsi le mot évolution, controversé à l'époque, mais à la fin du livre il conclut que « des formes sans cesse plus belles et plus admirables ont été élaborées et continuent à l'être ». Le public confond les idées exprimées dans le livre de Darwin avec celles de Lamarck, qui cinquante ans auparavant a avancé l'idée que les hommes descendent des singes. Bien que Darwin soit soutenu par certains scientifiques, d'autres hésitent à accepter sa théorie à cause de la capacité inexpliquée des individus à transmettre leurs spécificités à leurs descendants.

Charles Darwin est indubitablement l'homme qui a apporté le plus à la compréhension de l'évolution, et le premier à avoir expliqué l'infinie variétés des formes de vie. Mais il sait que sa thèse présente des lacunes. La principale est que ses recherches sont incomplètes : il ne sait pas ce qui se passe dans l'organisme d'un être vivant pour qu'il change. Il faudra encore attendre plusieurs décennies pour apporter les premiers éléments de réponses, avec la découverte du support de l'information génétique, l'ADN.

À RETENIR

- Les études de Darwin sont chaotiques. Peu intéressé par les cours, il se passionne pour la diversité des formes de vie et développe des connaissances basiques en médecine, théologie et en sciences naturelles.

- En 1831, il obtient une place sur *Le Beagle*, comme accompagnateur pour une durée de 5 ans. Pendant le voyage, il étudie la géologie des îles et des continents, mais il va surtout collectionner les spécimens et les fossiles des espèces qu'il rencontre.

- C'est dans les îles Galápagos que ses observations le conduisent vers sa théorie de l'évolution. Une même espèce retrouvée sur plusieurs îles présente des différences notables. Le cas des pinsons est un exemple de ces évolutions : suivant le lieu, le bec s'est adapté à différentes sortes de nourriture.

- Il développe la théorie de la sélection naturelle dans *L'Origine des espèces*, livre paru en 1859 : les caractères qui favorisent la survie et la reproduction voient leur fréquence s'accroître d'une génération à l'autre.

- Les réactions sont contrastées, il trouve peu de partisans de sa théorie, mais beaucoup de détracteurs, en particulier dans les communautés religieuse et scientifique.

Mendel, père de la génétique

Gregor Mendel est communément reconnu comme le père fondateur de la génétique. Il est à l'origine de ce qui est aujourd'hui appelé les Lois de Mendel, qui définissent la manière dont les gènes se transmettent de génération en génération.

La théorie actuelle de l'hérédité s'est développée à l'aube du XXe siècle, grâce aux travaux de celui qui est considéré aujourd'hui comme le père de la génétique, Gregor Johann Mendel. Mais celui-ci ne connaîtra pas l'acceptation de ses théories de son vivant, elles ne seront validées par d'autres scientifiques que des années après sa mort.

Un scientifique complet

Né en 1822 en Moravie (partie orientale de la République tchèque), Mendel est issu d'une famille de paysans. Bon élève durant son enfance et son adolescence, il rejoint en 1840 l'Institut de philosophie d'Olmutz afin d'y suivre deux années préparatoires à l'entrée à l'Université. En septembre 1843, à l'âge de 21 ans, il rentre au monastère de Saint-Thomas, où il prend le prénom de Gregor. Ce monastère est un centre d'études en sciences naturelles et agronomiques rattaché à la Société d'agriculture. Il comporte, outre une bibliothèque fournie, un jardin botanique qui revêtira plus tard une importance capitale. Mendel consacre tout son temps libre à l'étude des sciences naturelles. Il est ordonné prêtre en 1847. Parallèlement, il assure des enseignements scientifiques dans les collèges et lycées des environs, mais rechigne aux tâches pastorales.

Mendel suit de nouveaux cours en 1851 pour compléter ses connaissances. Il étudie la botanique, la physiologie végétale, l'entomologie, la paléontologie. Durant deux années, il acquiert toutes les bases méthodologiques qui lui permettront de réaliser plus tard ses expériences. Au cours de son séjour à Vienne, Mendel est amené à s'intéresser aux théories de Franz Unger, son professeur de physiologie végétale. Celui-ci préconise l'étude expérimentale pour comprendre l'apparition des caractères nouveaux chez les végétaux au cours de générations successives.

Gregor Mendel a posé les bases de la génétique et de l'hérédité par la transmission des caractères.

Mendel espère ainsi résoudre le problème que pose l'hybridation chez les végétaux.

Les travaux sur le pois

Dans tout l'Empire austro-hongrois et dans la majeure partie de l'Europe en plein essor industriel et agricole, les agronomes, appelés alors hybrideurs, sont à la recherche de nouvelles variétés. Le problème d'alors est la stabilité des hybrides issus de ces croisements et Mendel, comme nombre de chercheurs de l'époque, s'est attaché à essayer de résoudre ce problème de stabilité. De retour au monastère de Brünn, il installe un jardin expérimental dans la cour et dans la serre et met sur pied un plan d'expériences visant à expliquer les lois de l'origine et de la formation des hybrides. Il choisit pour cela le pois (*Pisum sativum*), plantes à fleurs dont la reproduction naturelle se fait par autofécondation, permettant de contrôler l'hybridation et de produire rapidement un grand nombre de descendants. Pendant une dizaine d'années, Mendel va planter des milliers de plants de pois, dont il étudie scrupuleusement les caractères. Il expose et publie les résultats de ces études en 1866 dans un article intitulé *Expériences sur les hybrides végétaux.*

Au début du XIXe siècle, tous les chercheurs en biologie végétale sont des hybrideurs. Leurs travaux répondent à des motivations économiques pour nourrir l'Europe, mais aussi scientifiques pour étudier expérimentalement les limites de la fixité et de la variabilité des espèces. Avant Mendel, les travaux réalisés pour comprendre les mécanismes de l'hérédité sont des échecs. Les hybrideurs croisent des variétés présentant des caractères différents et choisissent dans la descendance ceux qui correspondent le mieux aux caractères désirés. Mais ces procédures, très recourues en sélection depuis l'origine préhistorique de l'élevage et de l'agriculture, ne permettent pas de prévoir les résultats et donc l'énoncé de lois. L'ensemble de la communauté scientifique de l'époque soutient le modèle de l'hérédité par mélange, où les caractères possédés par un individu sont intermédiaires entre ceux de ses deux parents. L'objectif de Mendel est de trouver des lois générales permettant d'expliquer les observations déjà réalisées par les hybrideurs.

Mendel découvre les lois de l'hérédité

Il va donc croiser des milliers de plants de pois. Cette vision statistique du monde qui l'entoure est novatrice en biologie, mais elle paraît insolite à l'époque dans les milieux scientifiques. Après dix années de travaux minutieux, Mendel pose alors les bases théoriques de la génétique et de l'hérédité moderne. Lors de ces expérimentations sur les pois, Mendel découvre que le croisement entre une lignée de pois à graines lisses et de pois à graines ridées donne uniquement des pois hybrides à graines lisses en génération F1. Cela exprime le fait que tous les individus de cette première génération ont le même aspect extérieur. C'est la première loi de Mendel, où la Loi d'uniformité des hybrides de première génération.

Mais lorsqu'on croise entre eux des pois de génération F1, les pois à graines ridées réapparaissent à la génération suivante (F2). Ce fait est déjà remarqué avant 1850 par plusieurs scientifiques, mais il est dans un premier temps mal interprété. L'idée de ces chercheurs est plutôt celle d'une tendance naturelle au retour vers les espèces fixes originelles. Mendel a une approche différente. Il pense que la variation de l'aspect de la graine dépend d'une cause simple : un facteur engendrant le caractère lisse dans certaines conditions, l'autre facteur engendrant le caractère ridé dans d'autres conditions. Si le caractère ridé

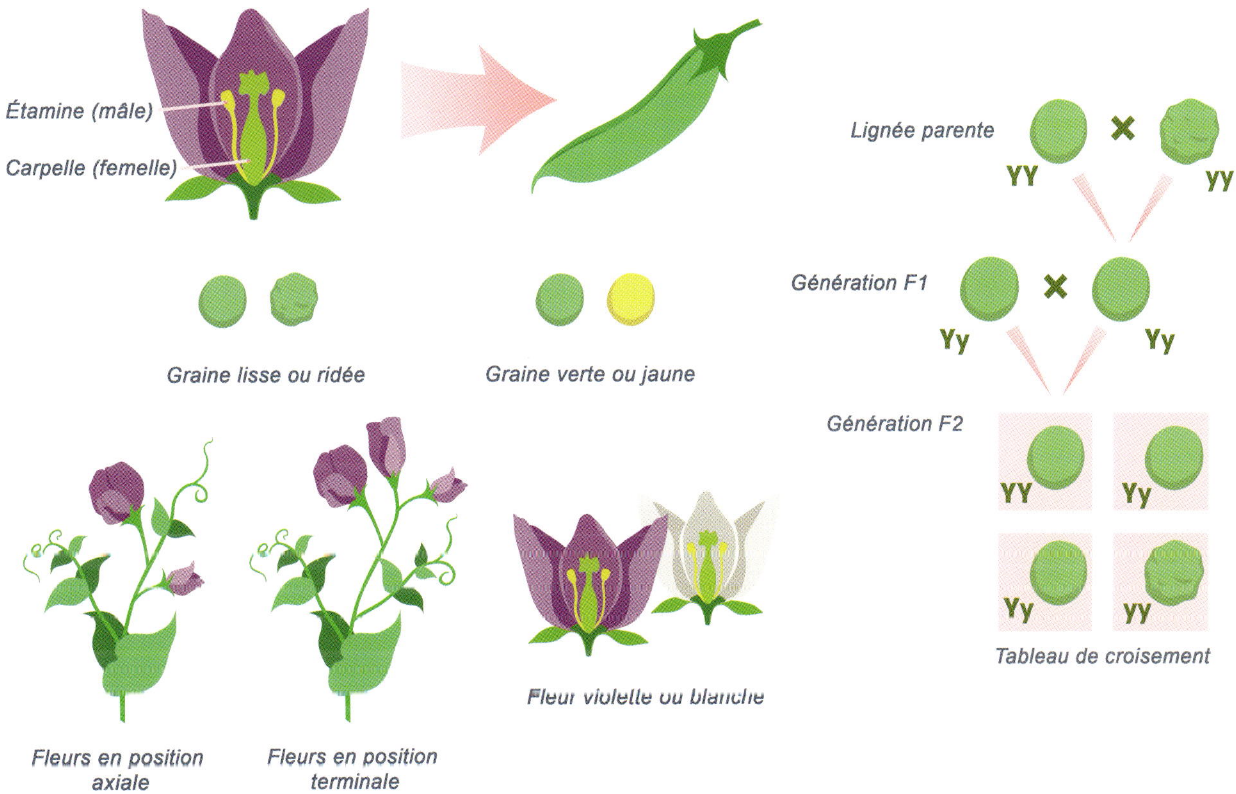

Une expérience de monohybridisme réalisée par Mendel pour comprendre la transmission des caractères.

réapparaît, c'est donc que le facteur du caractère ridé n'a pas disparu chez les hybrides F1, mais que son effet était masqué par le facteur graine lisse. Implicitement Mendel vient de conceptualiser la notion de caractère dominant et de caractère récessif dans les gènes. Plus importante est sa déduction issue du comptage des pois de différentes couleurs dans la descendance des hybrides. De cette proportion de 75 % de pois jaunes et de 25 % de pois verts, Mendel en déduit que toute cellule sexuelle (gamète) ne contient qu'un seul des facteurs (facteur lisse ou ridé). Les hybrides Y/y croisés entre eux produisent des gamètes Y ou des gamètes y qui se combineront pour donner ¼ de Y/Y, ½ de Y/y et ¼ de y/y. Ceci suppose implicitement que cette ségrégation des caractères est aléatoire. C'est la seconde loi de Mendel, ou Loi de disjonction des caractères : chaque gamète ne contient toujours qu'un seul facteur héréditaire pour un caractère donné, c'est-à-dire une seule version de chaque gène.

Mendel va aller encore plus loin et étudie de près des couples de caractères morphologiques opposés chez le pois : aspect de la graine, couleur de ses cotylédons, couleur des fleurs, forme de la gousse mûre... Mendel ne réalise que des croisements où seuls deux caractères diffèrent. Il observe la répartition de ces caractères chez les hybrides de première génération (F1) et leurs descendants (F2). Si l'on croise des lignées pures différant par deux caractères (polyhybridisme), chacun de ces caractères se comporte de façon indépendante vis-à-vis de l'autre. Ainsi, pour un croisement impliquant deux caractères, les proportions en génération F2 sont de 9, 3, 3 et 1.

Mendel en déduit sa troisième loi, ou Loi de l'indépendance des couples de caractères. Si l'on croise deux individus de races pures qui diffèrent par plusieurs caractères, on constate que ces caractères sont, dans les générations suivantes, hérités de façon indépendante les uns des autres, et se retrouvent associés en F2 comme s'ils avaient été distribués au hasard. Les différents couples de caractères sont donc indépendants les uns des autres. La disjonction se fait d'une manière indépendante pour les différents couples de caractères.

Les principes de l'analyse génétique

Malgré une énorme somme de recherches, les travaux de Mendel ne font pas l'unanimité lors de leur publication. Gregor Mendel termine sa vie dans l'indifférence complète de ses contemporains, notamment celle de Charles Darwin qui ne fait pas le rapprochement entre les travaux de Mendel et l'explication des variations individuelles au sein d'une même espèce, explication dont l'absence fait cruellement défaut à sa théorie sur l'évolution. L'ensemble des archives de Gregor Mendel est même brûlé par son successeur au monastère, quelques jours à peine après sa mort.

Au début du XXe siècle, le Néerlandais Hugo de Vries, l'Allemand Carl Erich Correns et l'Autrichien Erich von Tschermak, chacun engagé dans sa recherche propre, avec sa perspective propre, redécouvrent de façon indépendante les lois de l'hérédité, et reconnaissent tous trois en Mendel leur découvreur. Cette reconnaissance tardive (près de 35 ans après la publication de Mendel) aurait été mise en avant afin de n'accorder aucune prééminence à l'un des trois botanistes qui ont publié presque simultanément sur le même sujet. William Bateson en Angleterre et Lucien Cuénot en France étendent les lois mendéliennes aux espèces animales. Le botaniste Wilhelm Johannsen remplace le terme de facteur par celui de gène en 1909 et propose les définitions de génotype (ensemble des gènes) et de phénotype (ensemble de caractères). Bateson invente également le terme de génétique pour qualifier la théorie mendélienne de l'hérédité. Grâce aux travaux de Mendel, les principes de l'analyse génétique sont posés et l'héritage mendélien va fondamentalement transformer les sciences de la vie au XXe siècle.

À RETENIR

- Johann Gregor Mendel (1822-1884), botaniste tchèque, est reconnu comme le père fondateur de la génétique. Il est à l'origine des lois qui définissent la manière dont les gènes se transmettent de génération en génération.

- Première loi de Mendel : lorsqu'on croise deux races pures différant l'une de l'autre par un ou plusieurs caractères, les hybrides obtenus en première génération (F1) sont tous semblables entre eux. La première génération d'hybrides est homogène.

- Deuxième loi : la génération F2, obtenue en croisant entre eux les hybrides de la première génération, est hétérogène. Cette hétérogénéité traduit une ségrégation des caractères. Il en résulte que les gamètes sont purs, ils ne portent qu'un seul allèle de chaque gène. C'est la loi de la ségrégation des caractères.

- Troisième loi dite Loi de l'indépendance des couples de caractères : quand on croise deux individus de races pures qui diffèrent par plusieurs caractères, on constate que ces caractères sont hérités dans les générations suivantes de façon indépendante les uns des autres. Les différents couples de caractères (gènes) sont indépendants les uns des autres.

La molécule d'ADN

L'ADN contient, sous forme codée, toutes les informations relatives à la vie d'un organisme vivant, du plus simple au plus complexe, animal, végétal, bactérien ou viral. Retour sur ses caractéristiques, pour bien comprendre en quoi sa structure permet l'évolution des êtres vivants.

L'idée d'une transmission physique des caractéristiques des parents lors de la reproduction remonte à plusieurs milliers d'années. Dans divers écrits de l'Antiquité, on retrouve cette notion de ressemblance entre parents et descendants. Les connaissances et les idées sur le sujet ont été appliquées depuis plusieurs millénaires dans l'agriculture et l'élevage pour isoler les traits désirables et s'assurer qu'ils seront présents à la génération suivante. Cependant, le moyen de cette transmission, de même que la part respective des deux parents, sont discutés jusqu'à la fin du XIXe siècle.

La découverte de l'ADN

Les études de Gregor Mendel sur l'hérédité des caractères chez les pois, publiés en 1865, posent les bases de ce qui est appelé par la suite les Lois de l'hérédité mendélienne. Les premiers travaux se basent uniquement sur l'observation de caractères visibles sur des croisements, puis l'étude du génome se développe dès le premier quart du XXe siècle. Les découvertes du rôle des chromosomes dans l'hérédité, et du fait qu'ils portent les gènes, datent respectivement de 1903 et 1910. L'homme découvre que des régions spécifiques sur les chromosomes, indépendantes les unes des autres, codent pour des informations différentes. Le support physique de l'hérédité n'est pas mis à jour jusqu'à la découverte de la structure de l'ADN en 1953. C'est au laboratoire Cavendish de Cambridge qu'est établie la structure en double hélice de l'ADN. La découverte est publiée dans la revue scientifique *Nature*, le 25 avril 1953. On doit cette découverte à James Watson et Francis Crick, qui reçoivent tous deux le prix Nobel de physiologie et de médecine, le 31 octobre 1962. L'homme comprend alors que ce qui constitue les

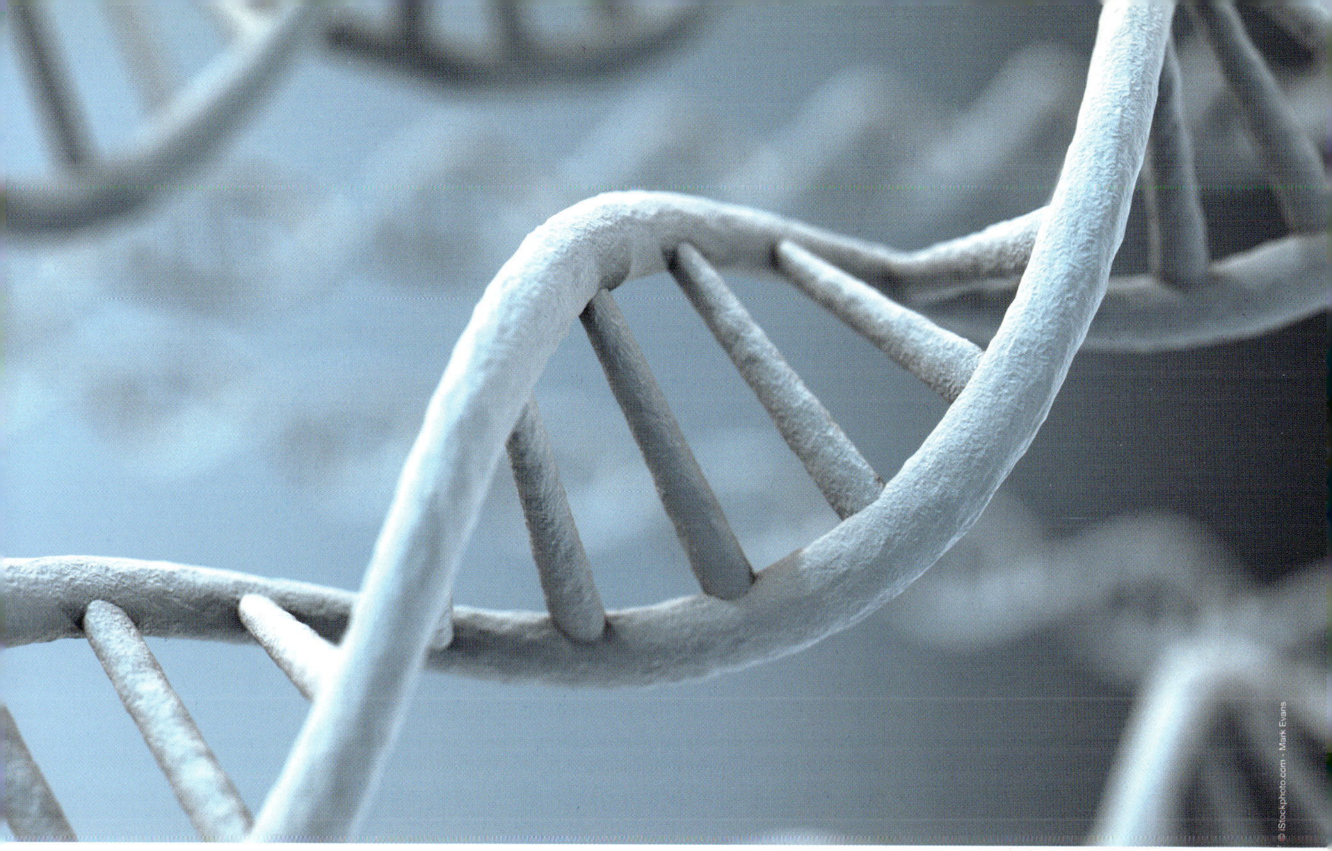

La molécule d'ADN sert de support à l'information génétique chez les êtres vivants.

êtres vivants est déterminé par la molécule d'ADN, l'acide désoxyribonucléique. Cette molécule, qui forme les chromosomes, est présente dans toutes les cellules vivantes et porte des gènes qui codent chacun pour le développement.

La structure de l'ADN

L'ADN est la molécule de l'hérédité. Elle contient toutes les informations relatives aux organismes vivants, qu'il s'agisse d'un animal, d'un végétal, d'un virus ou d'une bactérie. L'ADN est une molécule allongée, pouvant mesurer plusieurs centimètres de long, mais son aspect général peut varier selon l'organisme ou l'état de la cellule. L'ADN peut être en forme condensée (sous la forme de chromosomes) ou décondensée, linéaire, ou circulaire. Chez les procaryotes (les organismes unicellulaires sans noyau), tels que les bactéries, l'ADN est en général présent sous la forme d'un seul chromosome circulaire superenroulé (à la manière d'un fil enroulé sur lui-même). Chez les eucaryotes (cellules possédant un noyau), l'ADN est présent dans le noyau cellulaire. Il est linéaire et scindé en plusieurs molécules d'ADN formant des chromosomes. Il est plus ou moins compacté au cours du temps et associé à des protéines appelées les histones. Certaines molécules d'ADN spécifiques se trouvent aussi dans les mitochondries (les organites présents dans les cellules qui synthétisent de l'énergie) et les chloroplastes (les organites des algues et végétaux qui réalisent la photosynthèse). Dans les mitochondries et les chloroplastes, l'ADN peut prendre de nombreuses formes : circulaire, linéaire ou encore ramifiée.

L'ADN est composé d'une succession, ou séquence, de nucléotides. Chacun de ces nucléotides est constitué de trois éléments liés entre eux : un groupe phosphate est lié à un sucre, le désoxyribose, qui est lui-même lié à une base azotée. Il existe quatre bases azotées différentes : l'adénine (notée A), la thymine (notée T), la cytosine (notée C) et la guanine (notée G). Chez l'homme, dans l'ensemble des vingt-trois paires de chromosomes, on décompte approximativement trois milliards de bases azotées. Chaque base est donc fixée sur un désoxyribose, lié à un ou plusieurs phosphates, pour former un nucléotide. Dans l'ADN, les nucléotides sont reliés entre eux selon une certaine séquence. Pour fabriquer un brin d'ADN, il suffit donc d'enchaîner des nucléotides en les reliant par des liaisons appelées liaisons fortes.

L'ADN est composé de deux brins se faisant face et formant une double hélice. Ceci est possible car les nucléotides trouvés dans un brin possèdent des nucléotides complémentaires avec lesquels ils peuvent interagir par des liaisons hydrogènes (liaisons faibles). Il y a deux liaisons hydrogènes entre A et T et trois entre C et G. En face d'une adénine, il y a toujours une thymine ; en face d'une cytosine, il y a toujours une guanine. On a donc les interactions possibles suivantes : A-T, T-A et G-C, C-G. Grâce à l'alternance des quatre bases azotées A, C, T, G, toutes ces séquences constituent un message codé, portant les informations génétiques. En effet, l'ordre, la nature et le nombre des nucléotides déterminent l'information génétique. Le lien entre l'information génétique et les caractères de l'organisme (le phénotype) est gouverné par le code génétique.

L'ADN porte l'information génétique

Même si, pour les procaryotes et les eucaryotes, l'ADN ne présente pas la même forme, il renferme dans les deux cas l'information génétique, des zones de l'ADN appelées gènes qui codent pour la fabrication des protéines. Lorsque

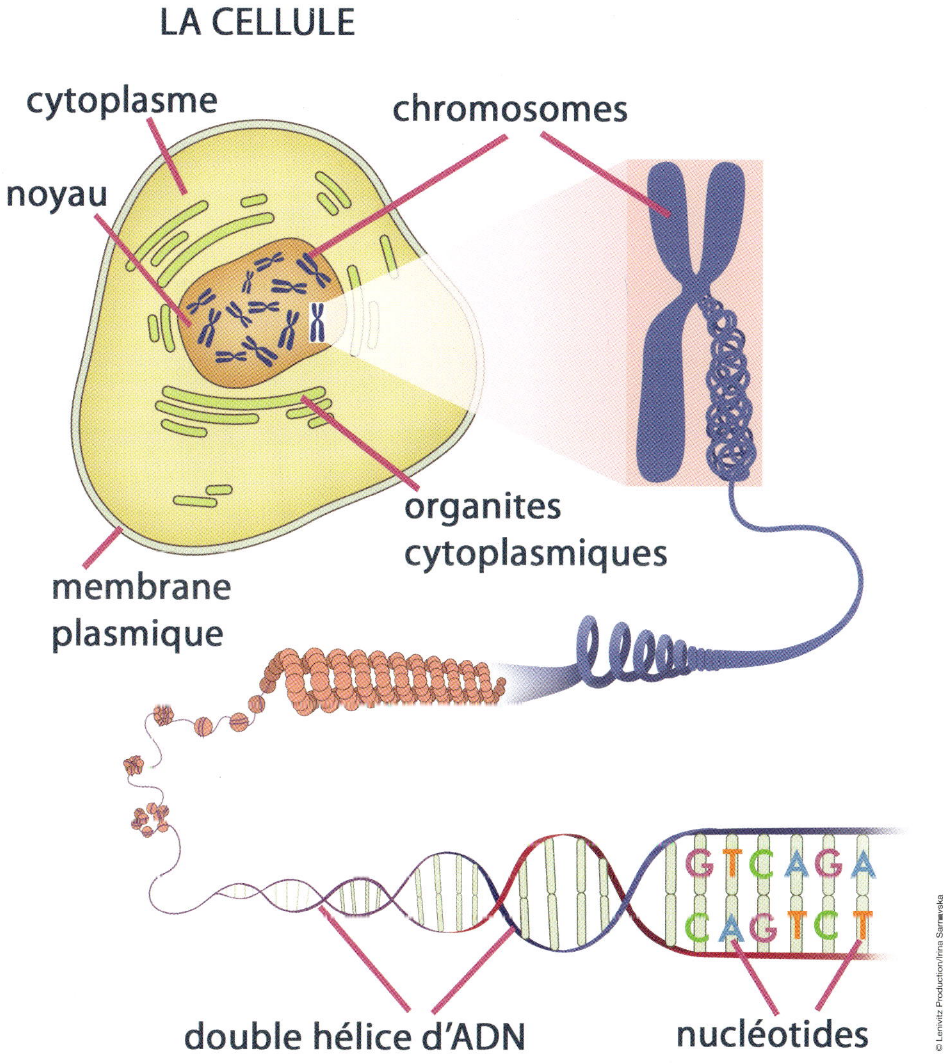

Chez les eucaryotes, l'ADN se concentre dans le noyau de la cellule et forme les chromosomes.

la cellule a besoin de protéines (par exemple, des protéines de structure lors de sa division, ou des enzymes pour fabriquer les molécules dont elle a besoin pour fonctionner), elle va transcrire, c'est-à-dire recopier, une partie de ses gènes sous forme d'une molécule appelée ARN messager (ARNm ou acide ribonucléique messager). Celui-ci porte alors la même information que la séquence d'ADN. L'existence de l'ARNm a été démontrée par Jacques Monod et ses collaborateurs, ce qui lui vaut le prix Nobel de médecine en 1965. Ce mécanisme qu'on appelle la transcription, est l'une des grandes découvertes de la biologie de la seconde moitié du XXe siècle. C'est un processus hautement régulé, notamment grâce à des protéines appelées facteurs de transcription. Une dérégulation des mécanismes de contrôle et la machinerie s'emballe, les ARN sont transcrits de manière désordonnée, les protéines sont présentes en excès, entraînant un fonctionnement aberrant des cellules, un fonctionnement cancéreux. En effet, dans un grand nombre de cancers, la transcription de certains gènes est altérée, ce qui entraîne un dérèglement total de la cellule qui se divise activement et de façon désordonnée.

Après la transcription intervient la traduction. L'ARNm est traduit en protéine par des organites cellulaires appelés ribosomes. Ces ribosomes vont décoder l'ARNm, en lisant les triplets de nucléotides, pour assembler les acides aminés correspondants. Ces acides aminés s'organisent ensuite dans l'espace pour faire une protéine. Le code génétique détermine ainsi la correspondance entre les séquences de nucléotides de l'ADN et les séquences en acides aminés des protéines. Par exemple la succession des nucléotides CTC induit l'acide aminé leucine, le triplet AGA induit l'arginine.

L'ADN, la molécule de l'hérédité

Malgré les liaisons fortes et la complémentarité des bases azotées qui assurent la stabilité de l'information génétique au cours des réplications, la séquence d'un ADN peut se modifier. La molécule d'ADN n'est pas infaillible, des modifications peuvent y apparaître, qui influent sur notre organisme. Si la modification se fait sur un ou quelques nucléotides on parle de mutation. Les mutations peuvent être aussi favorisées ou induites par certains agents de l'environnement, appelés facteurs mutagènes (radioactivité, ultraviolet...). Le changement d'un seul nucléotide de l'ADN peut avoir des effets muets sur l'individu, comme il peut avoir des conséquences qui vont bouleverser son organisme.

Il existe deux types de divisions cellulaires dans le monde vivant, au cours desquelles l'ADN est à chaque fois transmis des cellules mères aux cellules filles. La mitose assure la naissance de cellules identiques à la cellule mère lors de la multiplication asexuée. C'est le mécanisme qui permet aux êtres vivants de renouveler leurs cellules, leurs tissus, en d'autres termes de se développer. L'autre division cellulaire est la méiose, qui aboutit à la production de cellules sexuelles, ou gamètes, pour la reproduction. Avant chaque division cellulaire, la molécule d'ADN est dupliquée en deux molécules d'ADN filles identiques. Cela assure la transmission de l'information génétique lors de la reproduction, c'est l'hérédité. Chacune de ces nouvelles molécules hérite d'un brin de la molécule d'ADN initiale ou ADN mère, l'autre brin est synthétisé à partir de nucléotides libres. On dit que c'est une réplication semi-conservative. Sous l'influence de plusieurs mécanismes dont les mutations, les gamètes, créés par la méiose, peuvent être tous différents, bien qu'ils descendent de la même cellule. Cette différenciation joue un rôle clef dans l'évolution des espèces. Cette évolution moléculaire, un processus historique au cours duquel l'ADN accumule des changements générés par des événements aléatoires, entraîne donc des modifications de propriétés de l'organisme qui, si elles sont favorables, seront fixées par des processus sélectifs. C'est la base de l'évolution de la vie depuis des millions d'années.

À RETENIR

- L'acide désoxyribonucléique ou ADN est la molécule qui sert de support de l'information génétique chez les êtres vivants. Cette macromolécule est constituée de deux brins qui s'enroulent l'un autour de l'autre, le tout formant une structure caractéristique en double hélice.

- Chaque brin d'ADN est lui-même constitué d'un enchaînement de base azotée : l'adénine (A), la cytosine (C), la guanine (G) et la thymine (T) liées entre elles par des liaisons fortes.

- Certaines séquences de l'ADN sont porteuses d'une information, c'est-à-dire qu'elles servent à définir une caractéristique biologique, physique ou physiologique (comme la couleur du poil chez la souris) : on les appelle les gènes.

- Les cellules utilisent l'information génétique pour synthétiser des protéines, qui seront les molécules responsables d'un caractère ou d'une propriété biologique. Une protéine est un enchaînement d'acides aminés. Le code génétique, commun à tous les être vivants, fait correspondre un groupement de trois bases azotées à un acide aminé.

- L'ADN est transmis de génération en génération au cours de la reproduction : c'est le support de l'hérédité.

Les facteurs d'évolution

En l'espace de trois milliards d'années, un ancêtre commun à tous les êtres vivants a engendré la diversité du vivant actuel. La capacité de la molécule d'ADN à accumuler et conserver les modifications au cours du temps est une des bases de cette incroyable évolution.

Depuis la découverte de l'ADN, notre compréhension de l'évolution et du développement des êtres vivants a atteint un niveau que Darwin n'imaginait même pas. L'ADN est le code du vivant et sa double hélice contient toutes les informations de notre développement. Les différents gènes, c'est-à-dire la succession de nucléotides codant pour la synthèse de protéines, vont ainsi déterminer la couleur de nos yeux, et toutes les autres caractéristiques qui nous rendent uniques. Mais si sa structure en double hélice confère à l'ADN une remarquable stabilité, une autre propriété fondamentale de l'ADN est qu'il n'est pas invariable. On décrit en effet de nombreuses altérations de la séquence des nucléotides. Ce sont les mutations et les événements de recombinaison qui sont à l'origine des variations observées dans la nature par Darwin.

L'ADN n'est pas invariable

Une mutation est héritée par les cellules issues de la cellule initialement modifiée. Toutefois, cela n'implique pas que cette modification se maintienne au fil des générations. Chez un organisme pluricellulaire à reproduction sexuée, comme chez l'homme et ses ancêtres, le changement doit se produire dans une cellule reproductrice de l'individu pour être héritée par ses descendants. Lorsque les modifications accidentelles affectent les gamètes, c'est-à-dire les spermatozoïdes et les ovules, elles peuvent être transmises à la descendance et donner naissance à des individus porteurs d'allèles (forme d'un gène) nouveaux. En revanche, si c'est une cellule somatique (cellule qui n'est pas à l'origine des gamètes) qui est mutée, la modification n'affectera que l'individu, et non sa descendance. Elle pourra dans certains cas engendrer des cancers. Dans une perspective

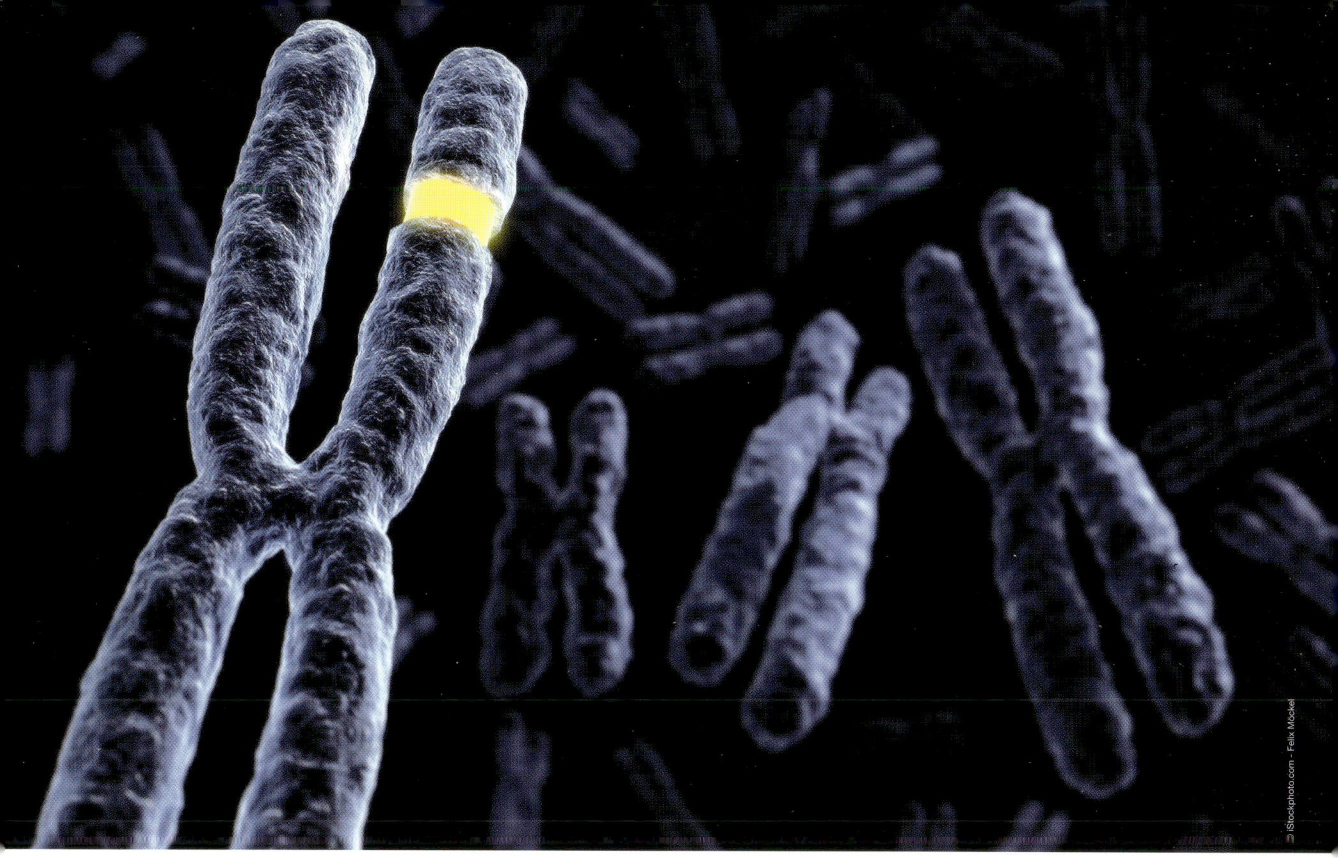

Par suite d'une mutation de l'ADN, un gène peut être porteur d'une information génétique nouvelle.

évolutive, une mutation somatique n'a pas d'avenir et disparaît avec l'individu qui la porte, les mutations germinales sont en revanche sources de nouveauté. La mutation est un événement rare au niveau du gène, mais chez l'homme, le risque rapporté à l'ensemble du génome est multiplié par 25 000, c'est-à-dire le nombre de gènes que nous possédons. Chez l'homme, un éjaculât comporte en moyenne 350 millions de spermatozoïdes, et le nombre de gamètes mutés atteint les 7 000. Le phénomène est donc loin d'être négligeable au niveau d'une population, et encore moins sur des millions d'années d'évolution.

Ces mutations dues à des erreurs de réplication ou à des facteurs externes vont produire de la diversité, pour autant que les cellules et les individus mutants soient viables dans les conditions de leur environnement.

Différents types de mutations

Les mutations géniques concernent des séquences relativement courtes, dont la longueur est inférieure à celle d'un gène. Elles peuvent affecter la partie transcrite ou les séquences régulatrices des gènes. Différents types de mutations existent. Les substitutions consistent en un remplacement d'une paire de nucléotides par une autre. Les insertions consistent en un ajout d'une paire ou d'une séquence nucléotidique de longueur variable. Les délétions, à l'inverse, ont pour résultat la disparition d'une paire ou d'une séquence nucléotidique. Une source importante de mutations spontanées est la réplication elle-même. Chez les organismes actuels, la précision de la réplication de l'ADN est étonnante et s'explique par la présence de mécanismes de correction. Cependant malgré ces mécanismes correctifs, des erreurs d'incorporation peuvent subsister. Si le mésappariement n'est pas corrigé avant la réplication suivante, une mutation, résultant de la substitution d'un nucléotide par un autre, sera fixée. Il est probable que dans les cellules primitives, et même chez les organismes multicellulaires ancestraux, le taux d'erreur est beaucoup plus élevé que chez les organismes actuels. La diversification résultant de ces mutations aura permis la colonisation progressive de différentes niches écologiques. L'idée reçue qui associe la notion de mutation à un caractère défavorable est fausse. Une mutation peut être silencieuse, c'est-à-dire qu'elle n'aura pas de conséquences sur l'organisme porteur, et même favorable dans certains cas. C'est la base de l'évolution, où les organismes mutants sont avantagés et survivent dans des conditions devenues néfastes pour les organismes non mutants.

Dans certains cas rares, les mutations peuvent apporter à la fois un caractère néfaste et un autre plus positif. C'est l'exemple de la drépanocytose chez l'homme, une maladie héréditaire du sang caractérisée par une mutation de l'hémoglobine, et qui se traduit par une grave anémie chronique. Normalement cette mutation aurait dû disparaître mais elle est encore très présente dans différentes zones du globe, notamment en Afrique équatoriale et aux Antilles. Le grand nombre de sujets atteints dans ces régions s'explique par le fait que les sujets hétérozygotes (n'ayant hérité la maladie que d'un seul parent et ne possédant donc qu'un gène muté sur deux) sont protégés du paludisme. Ainsi cette mutation subsiste car elle présente un intérêt pour les individus porteurs. La drépanocytose transmise par un seul des parents, dite hétérozygote, est asymptomatique : le sujet est porteur du gène mais ne développe pas la maladie. La drépanocytose transmise par les deux parents (forme homozygote) constitue la forme la plus grave.

Divers facteurs extérieurs, dont les ultraviolets, augmentent la fréquence des mutations.

Les mutations favorisées par l'environnement

Indépendamment des erreurs de réplication, des modifications chimiques spontanées peuvent se produire dans l'ADN. Les agents mutagènes augmentent significativement le taux de mutation. Au vu des sources de mutation, il apparaît que les conditions qui règnent au début de l'histoire de la vie, en particulier l'impact des rayonnements, plus importants qu'aujourd'hui en raison d'une couche d'ozone moins protectrice, sont propices à l'accumulation de mutations dans les cellules primitives.

Ainsi, des agressions chimiques et physiques, comme celles causées par les rayons ultraviolets, perturbent l'intégrité du matériel génétique en altérant une base nucléique, en modifiant l'emplacement entre les paires de base, ou en provoquant des cassures des filaments d'ADN. Il en résulte des modifications du message génétique. Des phénomènes plus importants ont également lieu dans le génome des individus. Certaines parties sont dupliquées, c'est-à-dire qu'elles existent en double dans le patrimoine génétique de l'organisme. Cette duplication peut procurer un avantage sur le plan évolutif. Dans une cellule où certains gènes assurant des fonctions essentielles existent en plusieurs exemplaires, le risque qu'une mutation entraîne la mort cellulaire par l'inactivation d'un de ces gènes est moindre. La duplication de séquences génomiques offre la possibilité d'accumuler les modifications dans l'une des copies, qui peut acquérir ainsi une nouvelle fonction, tout en préservant la fonction assurée par l'autre copie. Si la nouvelle fonction n'est pas défavorable, et si elle avantage la cellule ou l'organisme qui en est porteur, le génome mutant se perpétuera et le processus de duplication-divergence se poursuivra. Des organismes de plus en plus divers vont ainsi cohabiter dans un même environnement. Toutefois, diversité et nouveauté sont-elles synonymes ? Et si non, en quoi la diversité contribue-t-elle tout de même à l'apparition de la nouveauté ?

L'apparition de nouvelles espèces

Sur un plan évolutif, la diversification consiste à broder sur un même thème sans introduire de réelle innovation. La nouveauté correspond en revanche à l'apparition d'une différence qu'on ne peut plus considérer comme une variante de ce qui existe déjà. L'apparition d'une nouvelle espèce est un exemple de nouveauté manifeste. Dans la définition biologique de l'espèce, le critère déterminant est l'interfécondité, c'est-à-dire la possibilité d'obtenir, par croisement de deux individus, une descendance fertile. Par conséquent, une espèce est assimilable à un ensemble de gènes qui sont transmis de génération en génération. La spéciation résulte-t-elle d'un type particulier de mutation ? Est-il nécessaire d'accumuler de nombreuses mutations avant qu'une nouvelle espèce apparaisse ? Des différences géniques suffisent-elles à expliquer la spéciation, ou faut-il des remaniements importants des chromosomes, inversions, translocations, voire l'apparition ou la perte de chromosomes ? L'étude des organismes actuels a montré que toutes les situations existent. Des individus appartenant à des genres différents peuvent présenter un nombre identique de chromosomes ; c'est le cas chez les primates, pour le chimpanzé, le gorille et l'orang-outan. On connaît d'autres espèces de primates qui diffèrent par des inversions, des translocations ou des fusions, avec ou sans modification du nombre de chromosomes ; c'est le cas de l'homme et du chimpanzé. Enfin, chez certains insectes, on n'a détecté aucune différence dans la structure et le nombre des chromosomes, des mutations géniques seraient seules en cause dans la différenciation de ces espèces. Mutation, sélection et adaptation sont les trois mots-clés pour expliquer les processus évolutifs. La valeur évolutive d'une mutation dépend des conditions de l'environnement. Plus généralement, l'isolement géographique facilite l'isolement reproductif et, par ce mécanisme, la naissance de nouvelles espèces.

À RETENIR

- L'ADN peut subir des changements, on parle de mutations : une base (A, T, C ou G) peut être remplacée par une autre (inversion), une ou plusieurs bases peuvent être rajoutées (insertion) ou enlevées (délétion).

- Ces mutations peuvent avoir lieu au moment de la réplication de l'ADN ou être provoquées par des agents extérieurs (rayons UV, rayonnements radioactifs, produits chimiques…).

- Une mutation a plusieurs effets : soit elle est neutre, soit elle est néfaste pour l'organisme et entraîne sa mort, soit elle est bénéfique.

- Si la séquence d'ADN est modifiée de telle manière que la cellule devient capable de fabriquer une nouvelle protéine et si cette modification apporte un avantage par rapport à l'environnement, cette cellule va se reproduire plus efficacement que les autres. Ses descendants seront de plus en plus nombreux.

- À l'inverse, parfois les parents transmettent des gènes mutés qui sont à l'origine de maladies génétiques. L'environnement peut opérer une sélection naturelle des individus les plus aptes à survivre.

- Les modifications peuvent s'accumuler à tel point que cela entraîne l'apparition d'une espèce nouvelle.

La sélection naturelle

En publiant *L'Origine des espèces*, Charles Darwin révolutionne la théorie de l'évolution en proposant le mécanisme de sélection naturelle, fondé sur la reproduction différentielle des individus en fonction de leur capacité à survivre.

La sélection naturelle occupe une place capitale dans la théorie de l'évolution telle qu'elle est présentée par Darwin dans *L'Origine des espèces* (1859). Darwin part du constat que les êtres vivants produisent plus de descendants qu'il ne peut en survivre. Mais les individus n'ont pas tous les mêmes capacités pour faire face aux contraintes de l'environnement. En conséquence ceux qui survivent et se reproduisent le doivent à des caractères avantageux. Ces caractères avantageux étant transmissibles, il peut s'ensuivre une évolution des populations.

La sélection naturelle et l'environnement

Un des exemples les plus classiques de la sélection naturelle, et sans doute le plus symbolique du travail de Darwin, est celui des pinsons des îles Galápagos. Bien que le cas de ces oiseaux ne l'ait sans doute pas inspiré au départ pour sa théorie de l'évolution par la sélection naturelle, il a par la suite grandement alimenté ses réflexions, notamment concernant l'origine des espèces : la spéciation. Les îles Galápagos abritent treize espèces différentes de pinsons appartenant à quatre genres qui se différencient par la taille de leur corps, ainsi que par la forme et la taille de leur bec. Ces caractères présentent une grande héritabilité d'une génération à la suivante, entre les parents et leur progéniture. Les scientifiques Peter et Rosemary Grant ont suivi l'évolution sur trente ans des populations de pinsons sur l'île de Daphne Major et ont détecté sur cette période des événements sélectifs importants. La fin des années 1970 a été marquée par une sécheresse importante sur l'île de Daphne Major, qui a coïncidé avec une sélection très forte chez les individus à petit bec. Pour ces pinsons, la consommation de petites graines est préférée quand celles-ci sont abondantes, alors

Les pinsons de Darwin ou pinsons des Galápagos sont un excellent exemple de sélection naturelle.

qu'en cas de sécheresse ce type de graine est plus rare et la consommation de graines plus grosses, accessibles uniquement aux individus à gros bec, est favorisée. L'épisode de sécheresse, en causant la raréfaction des graines de petite taille, a entraîné une mortalité plus importante chez les individus à petit bec, ce qui a déplacé l'équilibre de la population vers les individus à gros bec. Ces individus, en bénéficiant de la manne des graines de grande taille, ont survécu en plus grand nombre que les individus à petit bec, et se sont donc en moyenne plus reproduits, ce qui a entraîné un déplacement du caractère à la génération suivante.

D'autres études ont aussi démontré que, chez les pinsons, un caractère bénéfique dans certaines conditions peut être contre-sélectionné dans d'autres. De cette façon, un autre événement de sécheresse sur l'île de Daphne Major a entraîné en 2004 une contre-sélection significative des individus à gros bec, représentant une situation exactement contraire à celle des années 1970. L'explication de ce phénomène tient à la colonisation de l'île en 1983 par une autre espèce de pinsons plus imposants avec un bec plus gros et plus puissant encore, et dont l'alimentation consiste quasi uniquement en la consommation de graines de grosse taille. En conditions normales, la disponibilité en graines est suffisante pour approvisionner les deux espèces. En revanche, en période de sécheresse, la pénurie en graines induit une compétition directe pour les graines de grande taille entre les deux populations. Cette compétition se fait au détriment des oiseaux de l'espèce la plus petite et résulte donc en une importante mortalité chez ceux-ci. Les travaux réalisés sur les pinsons de Darwin aux îles Galápagos ont permis de montrer que des événements de sélection naturelle peuvent être détectés à une échelle de temps relativement courte sur des organismes complexes, et que ces épisodes de sélection sont intimement corrélés aux variations des conditions environnementales et à l'interaction avec d'autres espèces.

Les espèces s'adaptent à leur milieu

Les modifications génétiques sont totalement aléatoires. Ce n'est donc pas l'environnement qui dicte quel gène doit muter, mais bien le hasard. C'est pour cela qu'on observe dans les populations beaucoup de variations inadaptées au milieu de vie, par exemple les maladies génétiques rares. Si un gène est altéré, il entraîne la cellule dans un dysfonctionnement qui peut se révéler, à tout âge de la vie, avec l'expression d'une maladie. Une erreur courante consiste à croire que les modifications génétiques sont une conséquence de l'environnement, comme si ce qui entourait l'individu influait sur son information génétique. En revanche l'environnement a bien le pouvoir de cumuler les innovations, ce qui aboutit à des adaptations complexes. C'est le principe de la sélection naturelle, un mécanisme qui explique l'adaptation des espèces à leur milieu. Lorsqu'on observe des espèces dans leur milieu de vie, elles semblent toutes y être profondément adaptées. Le long cou et les longues pattes de la girafe sont en effet bien conçus pour attraper les feuilles hautes des acacias des savanes africaines faiblement arborées. Certaines variations avantageuses dans un environnement donné peuvent *a contrario* devenir néfastes sous d'autres conditions.

La sélection naturelle chez l'homme

Chez l'homme, la couleur de la peau est une adaptation due à la sélection naturelle. En zones ensoleillées, les individus à la peau claire ont plus de risque de développer un cancer de la

© Shutterstock.com - hfng

La queue majestueuse et la parade nuptiale du paon sont des produits de la sélection sexuelle.

peau à cause des rayons ultraviolets. Ils sont donc désavantagés car leur espérance de vie est moindre. En zones moins ensoleillées, ces individus sont avantagés, car le corps économise de l'énergie et des nutriments en fabriquant moins de mélanine, le pigment de la peau. La conséquence de ce phénomène est donc qu'au fil des générations, par la sélection naturelle, les caractères observés dans une population seront plus ou moins adaptés aux évolutions de son écosystème. Les mutations se sont produites pendant des millions d'années et ont avantagé certains individus par rapport à leur environnement. On dit qu'ils disposent d'un avantage sélectif sur leurs congénères. Par exemple en échappant mieux aux prédateurs, en étant moins malades ou en accédant plus aisément à la nourriture, ces individus atteignent plus facilement l'âge adulte, pour être aptes à la reproduction. Ceux qui ont une meilleure capacité de survie se reproduisent davantage et les caractères distinctifs apparus aléatoirement se sont rapidement propagés dans une population. Chez toutes les espèces vivantes, on voit donc au fil des générations la fréquence des gènes désavantageux diminuer jusqu'à éventuellement disparaître, tandis que les variations avantageuses se répandent, jusqu'à éventuellement être partagées par tous les membres de la population ou de l'espèce.

La sélection sexuelle

Après avoir défini la sélection naturelle, Darwin est confronté à un problème. Il observe que certains caractères présents chez les mâles sont exagérés et défavorables du point de vue de la sélection naturelle, et réduisent la probabilité de survie. Autrement dit, alors que la plupart des caractéristiques sont des adaptations à l'environnement, d'autres sont simplement inutiles : il en va ainsi de la queue du paon, qui réduit notamment la mobilité et la puissance de vol de l'animal, des bois des cerfs, qui peuvent constituer un handicap quand il s'agit de fuir en pleine forêt, des couleurs vives de nombreux oiseaux, plus facilement repérables par un éventuel prédateur, ou encore du chant des cigales, qui peuvent s'épuiser à chanter. Pourquoi des caractéristiques qui réduisent en apparence l'aptitude à survivre et à se reproduire n'ont-elles pas été éliminées par la sélection naturelle ? Le problème est crucial, car de tels caractères semblent contredire le mécanisme adaptatif découvert par Darwin.
La sélection sexuelle constitue un autre mécanisme de l'évolution, celui qui est lié à la lutte pour la reproduction, distincte et complémentaire de la lutte pour la survie ou sélection naturelle. Le concept de sélection sexuelle désigne le processus selon lequel la compétition entre les individus en vue de l'accouplement est un

facteur de l'évolution de certains traits héréditaires. Il s'agit d'une compétition intraspécifique (entre individus d'une même espèce) et qui s'exerce différemment sur les individus mâles et femelles d'une même population. La sélection sexuelle explique des phénomènes d'apparence contraire aux nécessités de survie, comme la queue majestueuse du paon, et le dimorphisme sexuel, c'est-à-dire les différences qui existent entre les mâles et les femelles d'une même espèce. La sélection sexuelle est un puissant adjuvant de la sélection naturelle, en permettant aux mâles les plus vigoureux et les mieux adaptés d'avoir la descendance la plus importante. Mais là où l'objet de la sélection naturelle est la vie ou la mort à toutes les époques d'un organisme, celui de la sélection sexuelle est la reproduction ou non, ou une reproduction limitée. Dès lors, les effets n'en sont pas les mêmes : subsister, dans le cadre de la sélection naturelle, ou se reproduire, pour la sélection sexuelle. Les scientifiques n'opposent plus actuellement les deux formes de sélection : la sélection sexuelle apparaît plutôt comme une sous-catégorie de la sélection naturelle.

À RETENIR

- C'est en novembre 1859, avec la parution de *L'Origine des espèces au moyen de la sélection naturelle* de Charles Darwin, que les mécanismes de l'évolution sont réellement esquissés.

- La théorie de la sélection naturelle permet d'expliquer comment l'environnement influe sur l'évolution des espèces et des populations en sélectionnant les individus les plus adaptés.

- L'augmentation de la capacité à survivre et à se reproduire se traduit par une augmentation du taux de reproduction et donc par une descendance plus nombreuse, pour les individus porteurs de ces caractéristiques. On dit alors que ce trait de caractère donné offre un avantage sélectif par rapport à d'autres individus.

- Les différences morphologiques d'origine sexuelle viennent interférer avec les avantages adaptatifs induits par la sélection naturelle.

- Le concept de sélection sexuelle désigne le processus selon lequel la compétition entre les individus en vue de l'accouplement est un facteur de l'évolution de certains traits héréditaires. Il s'agit d'une compétition entre individus d'une même espèce qui s'exerce différemment sur les individus mâles et femelles.

Les révélations des génomes

La génomique, ou l'analyse de nos génomes, apporte un autre regard sur l'évolution des formes de vie. À partir de l'étude des caractères partagés entre les organismes, on tente d'établir des liens de parenté et de reconstruire leur histoire évolutive, comme celle de la lignée humaine.

La théorie darwinienne de l'évolution se base sur l'interaction entre deux facteurs essentiels : les variations qui apparaissent de façon aléatoire entre individus d'une même espèce et la sélection naturelle. Depuis la publication de *L'Origine des espèces*, la théorie de Darwin a été précisée et renforcée par un siècle et demi de découvertes en biologie. L'intégration de diverses disciplines comme la génétique moléculaire apporte une contribution significative à la compréhension des mécanismes évolutifs.

L'homme pas si différent des autres

La génomique, en particulier, étudie le génome dans son ensemble plutôt qu'un gène en particulier. Les scientifiques disposent en effet de séquence génomique complète de plusieurs centaines d'organismes unicellulaires (des bactéries, des levures...), de plusieurs dizaines d'animaux (le rat, le chat, la souris, la mouche, l'être humain...) et de plusieurs plantes. La comparaison de ces génomes permet aux scientifiques de mieux comprendre les grandes étapes de l'évolution, en particulier celles qui ont dessiné l'homme moderne.

Du fait de sa complexité physiologique par rapport à d'autres animaux, et probablement aussi par fierté, l'homme a longtemps pensé qu'il possédait un grand nombre de gènes, probablement entre 80 000 et 100 000. Le résultat du séquençage du génome humain finalisé en 2003 est une surprise pour toute la communauté scientifique. L'homme moderne ne dispose que de 25 000 gènes environ, soit le même nombre de gènes qu'un poulet, et même moins qu'un épi de maïs. Le nombre de gènes n'est donc pas proportionnel à la taille ou à la complexité de l'organisme. L'ADN du génome humain compte

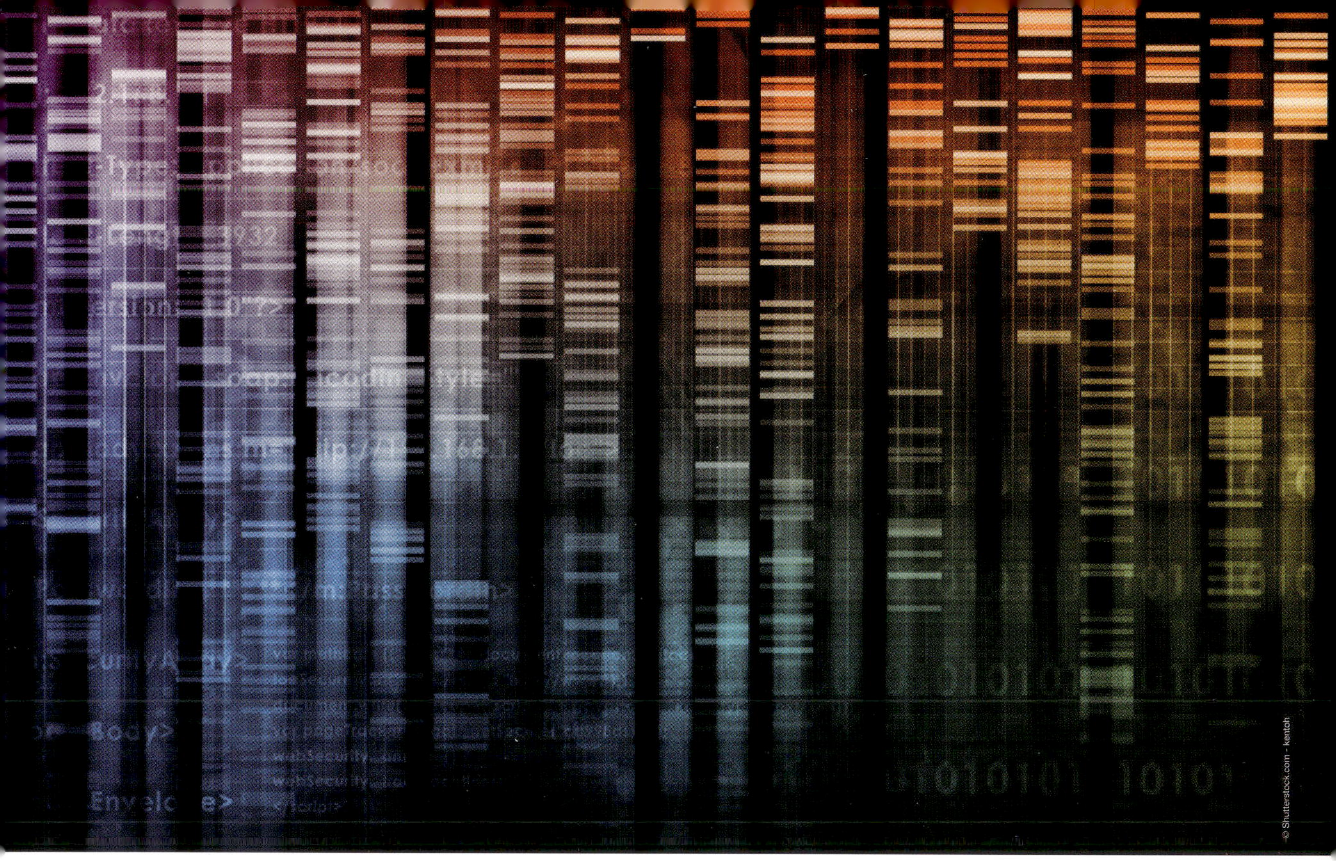

La comparaison des génomes permet de détecter les modifications des gènes au cours de l'évolution.

trois milliards de paires de bases, soit 1000 fois plus qu'un génome bactérien, mais ne contient que 10 fois plus de gènes. Qui plus est, beaucoup de nos gènes sont identiques à ceux d'autres animaux. Plus étonnant encore, les embryons de différentes espèces utilisent les mêmes gènes clés pour se construire. Comment ces gènes semblables parviennent-ils à créer une diversité aussi riche ? Comment expliquer toutes les différences qui existent entre les êtres vivants, si beaucoup de gènes sont communs ?

La vaste majorité de notre génome (98 %) est en fait constitué de régions non codantes. Pendant longtemps, on a appelé cette partie de l'ADN « l'ADN poubelle », les scientifiques relativisant beaucoup son rôle. En réalité, cet ADN, qui a intrigué pendant très longtemps les détectives de l'évolution, a un rôle crucial. Une partie de ces séquences non codantes contient des signaux de régulation, qui contrôlent l'expression des gènes. Les génomes ne se limitent donc pas à une collection de gènes qui codent pour des protéines. Même le plus simple des génomes bactériens correspond à un système biologique dont la complexité dépasse le niveau actuel de connaissance et d'analyse de l'homme. Une des leçons de la génomique est donc de pousser l'homme à la modestie. En dépit des annonces quelque peu triomphaliste qui ont accompagné la publication du génome humain, on est encore très loin d'avoir décrypté toutes les implications et de guérir toutes les maladies génétiques auxquels les êtres humains sont confrontés. Le décryptage des génomes reste un défi formidable pour les scientifiques internationaux qui mobilisera encore les efforts de centaines de laboratoires aux quatre coins du monde, et ce, pendant encore de très longues années.

Homme et chimpanzé : quels points communs ?

Il n'en reste pas moins que les séquences génomiques que nous connaissons apportent déjà des éclairages sur les processus et sur les événements évolutifs. La comparaison des génomes du chimpanzé et de l'homme fait l'objet de toutes les attentions, car elle est emblématique. Aux XIXe et XXe siècles, les relations de parenté entre l'homme et les grands singes (chimpanzés, gorilles et orangs-outans) ont suscité de nombreux débats et de nombreuses publications scientifiques. Dans l'ensemble, l'organisation et le positionnement des gènes chez le chimpanzé sont très similaires à ceux du génome humain, même si le chimpanzé possède vingt-quatre paires de chromosomes au lieu de nos vingt-trois. Il subsiste treize paires de chromosomes qui semblent pratiquement identiques entre les deux espèces, et six paires qui sont restées proches à la suite d'insertions, d'inversions, et de délétions (ajouts, échanges ou pertes de gènes sur les chromosomes). Mais deux paires de chromosomes montrent plus de différences, à la suite de mutations complexes probablement échelonnées dans le temps au sein des homininés, l'homme, et des paninés, les chimpanzés. L'extrême proximité génétique des deux espèces indique que la séparation, à l'échelle du monde, est relativement récente. La majorité des scientifiques estime qu'elle a eu lieu 6 à 8 millions d'années avant notre ère. Quelques voix discordantes suggèrent néanmoins une séparation plus ancienne, il y a environ 13 millions d'années.

Depuis 2000, les travaux de comparaison entre les deux génomes font régulièrement l'objet de publications. Toutes les études révèlent une grande similitude. Les génomes seraient bien plus proches que ne le laisse imaginer l'apparence des

L'homme et le chimpanzé ont plus de 98 % de leur génome en commun.

deux espèces. Une étude récente d'un groupe international (le Chimpanzee Sequencing and Analysis Consortium) montre que seul 1,2 % sépare le corps humain de celui du chimpanzé en termes de gènes codant pour les protéines qui le fabriquent et l'entretiennent. Cette différence passe à environ 4 % lorsque l'ADN non codant est pris en compte. En d'autres termes, sur les trois milliards de nucléotides (succession de lettres qui codent pour l'information génétique) qui composent le génome humain, 35 millions environ ont changé au cours des six millions d'années qui se sont écoulées depuis que l'homme et le chimpanzé ont divergé. C'est peu et beaucoup à la fois : la différence entre notre génome et celui du chimpanzé est dix fois plus grande que celle entre deux êtres humains.

Gènes immortels et duplication

Une comparaison systématique de tous les génomes connus à l'heure actuelle a permis d'identifier plus ou moins 500 gènes qu'on retrouve chez tous les organismes. Ces gènes, qui ont résisté à deux milliards d'années d'évolution ont été appelés par certains scientifiques des « gènes immortels ». Ils sont impliqués dans des processus fondamentaux comme la réplication de l'ADN et la synthèse de protéines. Des processus tellement importants à l'échelle de la vie que toute altération de ces gènes a été purement et simplement éradiquée au cours de l'évolution. La génomique comparative éclaire également sur les liens entre les trois super-règnes : les procaryotes, les eucaryotes et les bactéries. Quand les premières espèces d'archées ont été découvertes, on les a d'abord considérées comme un sous-groupe des bactéries. La génétique moléculaire a ensuite révélé que par certains aspects, les archées ressemblent plus aux eucaryotes qu'aux bactéries. Les biologistes ont donc proposé un scénario évolutif basé sur une séparation initiale entre bactéries et archées, suivie d'une séparation entre archées et eucaryotes. Mais une analyse exhaustive des gènes d'eucaryotes, de bactéries et d'archées révèle que pour une partie des gènes eucaryotes, l'homologue le plus proche se trouve chez les bactéries, tandis que pour une autre partie, il se trouve chez les archées. Pour résoudre ce paradoxe, des scientifiques ont suggéré que les premières cellules eucaryotes résultent peut-être de la fusion entre une bactérie et une archée.

La comparaison des génomes

Comparer les génomes a également amené la preuve que les duplications jouent un rôle important dans l'apparition de nouvelles fonctions géniques. De nombreuses duplications d'importance variable ont été mises à jour : petites régions englobant un ou plusieurs gènes, chromosomes entiers, voire dans certains cas le génome complet, en particulier chez les végétaux. Le premier effet de la duplication d'un gène est de provoquer une redondance, qui n'est généralement ni néfaste ni bénéfique pour l'organisme. L'une des deux copies peut alors subir des mutations et progressivement diverger de l'original sans que l'organisme ne soit atteint. La vision des couleurs chez les primates repose sur une duplication qui s'est produite il y a plusieurs millions d'années. Elle est possible grâce à des protéines spécialisées, les opsines, qui s'expriment dans les cellules cônes de notre rétine. La plupart des mammifères dispose d'une vision dite bichromatique, car elle est basée sur deux opsines, l'opsine sensible au bleu et celle sensible au vert + rouge. Chez les primates de l'Ancien Monde, dont l'humain est un descendant, la vision trichromatique est apparue grâce à une duplication puis à des mutations d'un gène d'opsine. Notre vision est ainsi basée sur trois opsines sensibles au bleu, au vert et au rouge. On assimile également la finesse de l'odorat de nombreux mammifères à ce processus de duplication et mutation.

Les travaux de recherche actuels permettront de comprendre ce qui fait que les humains sont différents des animaux. La comparaison des génomes de l'homme et du chimpanzé peut contribuer à mieux comprendre les forces évolutives qui ont façonné les espèces.

À RETENIR

- L'étude de l'évolution des génomes met en jeu plusieurs disciplines telles que la biologie moléculaire, la génétique... Elle se base sur une analyse structurelle et fonctionnelle des génomes et permet de détecter les modifications des gènes au cours de l'évolution des espèces.

- L'homme moderne ne dispose que de 25 000 gènes environ, soit le même nombre de gènes qu'un poulet, et moins que certaines espèces végétales. Ainsi le nombre de gènes n'est pas proportionnel à la taille ou à la complexité de l'organisme. Un homme contient seulement dix fois plus de gènes qu'une bactérie.

- Les études de comparaison des génomes de l'homme et du chimpanzé révèlent une grande similitude. Ils ne varient que de 1 à 4 % selon les techniques utilisées. Sur les trois milliards de nucléotides qui codent pour l'information génétique chez l'homme, 35 millions de nucléotides environ ont changé depuis la séparation entre les deux espèces.

- Des travaux de recherche en cours sont axés sur la signification des différences, l'objectif étant de dévoiler ce qui fait que les humains sont des humains, et donc différents d'autres animaux.

Fossiles et datation

Le processus de fossilisation permet aux paléontologues de retracer le chemin de l'évolution. Si les témoignages apportés par les fossiles sur plus de trois milliards d'années de vie sur Terre sont encore lacunaires, ils permettent néanmoins de reconstituer les grandes étapes de l'évolution.

Après sa mort, tout être vivant, qu'il s'agisse d'un animal ou d'un végétal, est appelé à disparaître. Les restes laissés par les plantes et les animaux sont soumis à des agressions qui contribuent à leur destruction à plus ou moins long terme.

Les fossiles, un témoignage exceptionnel

L'oxygène de l'atmosphère terrestre, en raison de son caractère oxydant, décompose la matière organique ; l'eau dissout les coquilles et les squelettes calcaires. De plus, beaucoup de micro-organismes et d'animaux s'alimentent d'organismes morts. Aussi, la découverte de vestiges d'animaux et de plantes datant de plusieurs millions d'années constitue-t-elle une réelle exception, et dans certains cas un véritable événement. Les fossiles sont soit des restes d'êtres disparus, soit les traces de leur activité, préservées dans les roches. Ces éléments constituent des preuves incontournables pour comprendre l'histoire de notre planète et l'évolution des formes de vie sur Terre. Le registre fossile s'étend d'il y a 3,5 milliards d'années jusqu'à aujourd'hui, mais 99 % des fossiles ne remontent pas plus loin que 545 millions d'années, période où les formes de vie explosèrent littéralement. Les scientifiques estiment à près de 5 millions le nombre d'espèces vivantes possibles depuis les premières formes de vie. Aujourd'hui on ne connaît qu'environ 300 000 espèces de fossiles.

Les conditions de la fossilisation qui garantissent la transmission des vestiges d'anciennes faunes et flores s'avèrent variées. Elles déterminent le degré d'intégrité des fossiles et la qualité des informations qu'ils délivrent. La

Chaque couche de roche sédimentaire ou strate contient des fossiles d'un type particulier.

fossilisation tend à favoriser les organismes composés de parties dures, ceux qui sont particulièrement répandus sur le globe et ceux qui ont vécu pendant une longue période. Pour qu'un organisme soit fossilisé, les restes doivent normalement être recouverts par les sédiments dans les plus brefs délais. Les fossiles les plus communs que l'on retrouve au pied d'une falaise ou dans une carrière correspondent aux parties minéralisées des animaux. Ce sont des coquilles, des carapaces ou des squelettes. Selon les groupes zoologiques, ces parties dures sont constituées de carbonate de calcium (calcite ou aragonite), de phosphate de calcium (apatite) ou de silice. Durant leur enfouissement, les substances minérales peuvent remplacer la matière originelle et restituer avec fidélité les structures anatomiques des restes végétaux.

Différentes formes de fossilisation

Coquilles et squelettes peuvent être dissous longtemps après leur enfouissement, laissant dans la roche des cavités qui sont autant de répliques fidèles de leur morphologie. Leur silhouette est retrouvée en injectant sous vide du plâtre ou une résine synthétique dans ces cavités, puis en dissolvant la roche qui l'entoure. L'existence d'êtres disparus peut enfin être enregistrée dans les roches sous forme de traces laissées par diverses activités animales. Il en est ainsi des pistes de locomotion imprimées dans la boue, des terriers et galeries creusés dans les sédiments par des animaux. Des empreintes de pas datées de 3,5 millions d'années ont été mises au jour à Laetoli en Tanzanie et sont très importantes dans la reconstitution de l'histoire de l'homme et de sa bipédie. Trois empreintes successives sont ainsi étudiées à la lumière de la connaissance de l'anatomie du pied du chimpanzé et de celui de l'homme actuel. Elles pourraient avoir été faites par des hominidés du genre australopithèque, un possible ancêtre de l'homme moderne.

Des circonstances exceptionnelles peuvent conduire à la conservation des tissus mous des animaux, tels que la peau, la musculature ou les organes internes. C'est le cas des mammouths préservés intacts dans les glaces ou des insectes inclus dans une résine fossile. C'est en Sibérie, en Alaska et au Canada, qu'on a trouvé les mammouths laineux les mieux conservés dans la glace. En 2007 en Sibérie, un éleveur de rennes a notamment découvert un bébé mammouth âgé d'à peine un mois. Surnommé Lyuba, sa conservation s'est avérée remarquable. L'analyse des échantillons de tissus a révélé que l'animal est mort il y a 40 000 ans, ce qui en fait le plus jeune bébé mammouth retrouvé, qui plus est dans un excellent état de conservation. Les analyses ADN permises par les découvertes de mammouths prisonniers dans les glaces ont contribué à établir l'histoire de l'évolution de cette espèce animale. 70 % du génome du mammouth laineux, soit environ 3,3 milliards de paires de base d'ADN de *Mammuthus primigenius*, ont été séquencés à partir de l'ADN de plusieurs sujets retrouvés en Sibérie. La comparaison avec l'éléphant moderne suggère que diverses espèces de mammouth ont pu diverger il y a environ 1,5 à 2 millions d'années.

Autre exemple de conservation spectaculaire d'animaux, celle des ichtyosaures, des reptiles géants marins qui ressemblent au dauphin. Ils apparaissent il y a 250 millions d'années, soit 20 millions d'années avant les dinosaures. Ils vivent pendant une grande partie du Mésozoïque et disparaissent il y a 90 millions d'années. Dans certains gisements fossilifères, le corps de ces reptiles est incroyablement bien préservé, et on a retrouvé des squelettes, encore recouverts de peau

Les ammonites (mollusques céphalopodes) disparaissent peu de temps après la crise du Crétacé.

avec des organes internes en partie préservés. Les scientifiques ont pu reconstituer leurs modes de vie, leur alimentation, ou encore leur mode de reproduction. De telles découvertes sont rares et conduisent à des reconstitutions spectaculaires de l'organisation d'espèces disparues.

La datation des fossiles

La préservation des fossiles implique leur inclusion ou leur enfouissement dans un milieu les protégeant précocement des agents de destruction. Les chances de fossilisation sont plus élevées pour un organisme aquatique que pour un organisme terrestre. En s'échouant sur le fond d'une étendue d'eau, son cadavre pourra être rapidement recouvert par un sédiment. La fossilisation d'animaux terrestres est plus rare. C'est pourquoi de nombreuses lacunes persistent encore dans nos connaissances sur l'histoire paléontologique des homininés, les ancêtres des hommes qui sont apparus il y a environ 4 millions d'années. Pendant longtemps, les paléontologues qui découvraient des fossiles d'australopithèques africains devaient se contenter d'évaluer leur âge relatif en fonction des vestiges de la faune retrouvés dans la même strate géologique. À l'époque de Lucy, le fameux australopithèque découvert par Yves Coppens et son équipe en 1974, on a trouvé dans les mêmes strates des cousins du cheval, des hipparions, qui possèdent encore trois doigts – à la différence des chevaux contemporains des premiers hommes, qui n'en possèdent plus qu'un seul. À partir de restes de vertébrés tels que les chevaux, les éléphants ou les cochons, dont l'évolution était déjà bien connue, les paléontologues réussissaient à déterminer l'ordre chronologique dans lequel se suivaient les sites et leurs fossiles, mais sans leur attribuer un âge précis. Des moyens détournés ou très poussés permettent aujourd'hui de dater les fossiles de nos derniers ancêtres. Plusieurs méthodes utilisent la radioactivité pour déterminer l'âge d'une matière. Les roches, les fossiles ou encore les produits de l'activité humaine sont porteurs d'une dose naturelle de radioactivité. Avec le temps, ces atomes radioactifs se désintègrent en formant d'autres éléments (ou isotopes). Cette désintégration-formation se produit de manière régulière et mesurable. On peut donc mesurer les dosages respectifs des éléments radioactifs pour déterminer l'âge exact d'un objet.

La lecture de la radioactivité

La méthode dite du carbone 14 permet de dater des objets jusqu'à 35 000 ans. La méthode potassium-argon (K-Ar) mesure la concentration des isotopes argon 40 et potassium 40. Elle est principalement utilisée pour dater des dépôts de roches magmatiques (notamment les cendres volcaniques retrouvées sur certains sites de fouille) et permet

une datation d'un million à plusieurs centaines de millions d'années. La méthode dite du rubidium-strontium 87Rb-87Sr permet de réaliser des mesures de roches jusqu'à quelques milliards d'années. Le paléomagnétisme est un autre outil pour dater des fossiles. Au cours du temps, la position du pôle nord magnétique a varié. Ces variations dans le temps sont connues et les scientifiques ont établi une chronologie de référence sur plus de 100 millions d'années. Lors de la solidification d'une roche (le plus souvent dans les zones d'expansion océanique), les parties ferromagnétiques s'orientent en fonction du champ magnétique terrestre. Elles conservent ainsi la trace de la position du pôle nord au moment de leur émergence. Ainsi, la succession des faunes, la radioactivité et l'histoire du magnétisme terrestre permettent de dater les périodes de l'évolution des formes de vie.
Tirant profit de la grande diversité d'états manifestée par les fossiles, des générations de paléontologues ont réuni une somme considérable de données sur les anciennes faunes et flores. S'appuyant sur la connaissance de l'organisation des êtres actuels, ils ont reconstitué fidèlement la physionomie d'animaux et de végétaux depuis longtemps disparus, comme celle des hommes préhistoriques, des grands reptiles ou des végétaux de plusieurs centaines de milliers d'années.

À RETENIR

- Étudié dans le cadre de la paléontologie, un fossile est le moulage ou les restes d'un animal ou d'un végétal conservés dans une roche sédimentaire.

- Grâce à la grande diversité d'états manifestée par les fossiles, des générations de paléontologues ont réuni une somme considérable de données sur les anciennes faunes et flores.

- Le processus de fossilisation est un événement exceptionnel. Une grande partie de ce qui compose un être vivant a tendance à rapidement se décomposer après la mort. Les témoignages que nous apportent les fossiles sur plus de trois milliards d'années d'évolution de la vie sur Terre sont encore lacunaires et le resteront certainement.

- Il existe plusieurs types de fossiles et de fossilisation. Des circonstances exceptionnelles peuvent conduire à la conservation des tissus mous des animaux, tels que la peau, la musculature ou les organes internes.

- La radiochronologie utilise la variation – régulière au cours du temps – de la proportion d'isotopes radioactifs dans les éléments fossiles pour déterminer leur âge. La méthode du carbone 14 et celle du potassium-argon ont littéralement révolutionné la paléontologie.

De la matière inerte à la vie

La Terre diffère de toutes les autres planètes que nous connaissons, car elle abrite la vie sous des formes extrêmement diversifiées. Mais les conditions qui ont permis de la créer restent encore énigmatiques et très discutées parmi les scientifiques.

Les grands événements qui jalonnent la formation de la Terre sont patiemment reconstitués par les scientifiques. Avant le Big Bang, l'univers ne possédait ni galaxies, ni étoiles, ni atomes. L'astrophysicien français Hubert Reeves le décrit comme « une bouille de matière informe ». Il y a 13,7 milliards d'années, lors du Big Bang, cette bouille est portée à des températures de milliards de degrés. Une énorme quantité d'énergie est libérée, créant et dispersant les particules de matière. L'univers entre alors dans une phase d'organisation complexe.

La formation de la Terre

Parmi les particules émises lors du Big Bang, apparaissent les photons, supports de l'énergie lumineuse. D'autres particules, les électrons et les quarks, s'agrègent entre elles pour donner naissance à des protons et des neutrons, qui à leur tour se combinent en éléments chimiques simples gazeux, des atomes d'hydrogène et d'hélium. Des nuages de gaz d'hydrogène se concentrent sous l'impulsion de la gravitation, prenant la forme de galaxies et d'étoiles disséminées dans l'univers. Les éléments chimiques que l'on trouve sur notre planète vont alors s'y former : le carbone, le calcium, l'oxygène, le fer, le mercure, l'aluminium…

Dans les milliards d'années qui suivent, lorsque les étoiles de l'univers primitif ont consumé toute leur énergie, elles explosent et répandent leur matière à travers l'espace. Les matériaux lourds, comme le fer, la silicone, l'aluminium ou le nickel, sont vaporisés à travers la galaxie. Des nuages moléculaires, mélange de gaz et de particules, se concentrent dans le milieu interstellaire pour former une nébuleuse. Ces nuages sont incroyablement vastes, plusieurs centaines d'années-lumière, et donnent naissance à de nouvelles étoiles et à de nouvelles planètes, sous

À ses débuts, la Terre est sans cesse bombardée par des comètes et des météorites.

l'effet des forces gravitationnelles. Les planètes de notre système solaire prennent leur forme définitive il y a environ 4,56 milliards d'années. La Terre n'est au début qu'une boule incandescente, sans cesse bombardée par des comètes et des météorites. L'essentiel de nos ressources en eau provient en effet des comètes, corps constitués de glace et de neige. La Terre entre ensuite dans une longue phase de refroidissement. La vapeur d'eau contenue dans l'atmosphère se condense progressivement, tombant en pluies qui vont remplir les terres basses et former les premiers océans.

Des molécules prébiotiques à la vie

Comment les molécules prébiotiques (des molécules organiques formées sans l'intervention des êtres vivants) présentes dans les matériaux qui ont formé notre planète ont-elles engendré des organismes vivants ? Plusieurs scénarios sont proposés par les scientifiques, mais l'origine de la vie sur notre planète présente encore de nombreuses zones d'ombre.

Une première théorie est formulée très tôt. Selon l'hypothèse chimique formulée par les biochimistes Alexandre Oparine et John Haldane, la matière prébiotique a été engendrée par l'évolution chimique dans un environnement appelé la « soupe primordiale » ou « bouillon primordial », riche en matières organiques et dépourvu d'oxygène libre. De petites molécules organiques telles que l'acide cyanhydrique (HCN) et le formaldéhyde (HCHO) se sont formées dans l'atmosphère primitive de la Terre puis dissoutes dans les océans. Cette hypothèse est testée expérimentalement dans le laboratoire de l'Université de Chicago à partir de 1952 par Miller & Urey. Ces derniers considèrent que l'atmosphère primitive réductrice qui entoure la jeune planète Terre, peu de temps après sa création, est constituée de plusieurs combinaisons de formes réduites du carbone, de l'azote et de l'oxygène : H_2 (hydrogène), CH_4 (méthane), CO_2 (dioxyde de carbone), CO (oxyde de carbone), NH_3 (ammoniac), N_2 (azote) et H_2O (vapeur d'eau). Les scientifiques réunissent un tel mélange dans un ballon en verre et le soumettent à des décharges électriques, à de fortes chaleurs et à des rayons ultraviolets, simulant ainsi l'ambiance qui animait le globe terrestre à ses débuts : le déclenchement d'orages violents et l'exposition à un intense rayonnement ultraviolet en l'absence d'une couche d'ozone protectrice. Le résultat est surprenant. Après plusieurs semaines, un produit brun apparaît sur les parois du ballon. Il est constitué de composés organiques, en particulier d'acides aminés, les constituants chimiques élémentaires des êtres vivants. Ce résultat a une portée considérable : il établit que les synthèses des substances simples du monde minéral et des molécules complexes à base de carbone des organismes vivants peuvent s'effectuer dans des conditions similaires.

L'expérience de Miller & Urey a été reproduite de nombreuses fois. La plupart des molécules caractéristiques de la vie a été synthétisée de cette manière, en laboratoire. On a ainsi obtenu une vingtaine d'acides aminés présents chez les êtres vivants, des sucres, de l'urée, des bases azotées, des peptides (chaînes d'acides aminés), et des acides nucléiques. L'extrapolation de ces résultats fait dire aux scientifiques qu'une suite de réactions chimiques a conduit à l'élaboration de molécules prébiotiques, puis de molécules capables de se dupliquer et de transmettre leurs caractères à leurs descendants, et finalement à l'apparition des êtres vivants. Toutefois, cette théorie est encore loin de faire l'unanimité. Dans les conditions de l'expérience, cette synthèse

Selon l'une des théories, les météorites auraient apporté les molécules nécessaires à la vie.

engendre une centaine d'acides aminés absents dans notre biosphère, et à l'opposé, de nombreuses molécules organiques indispensables à la vie ne sont pas synthétisées.

La vie a-t-elle une origine extraterrestre ?

Une deuxième hypothèse, baptisée la panspermie, propose l'arrivée sur Terre de certains monomères d'origine extraterrestre. Les espaces interstellaires comportent en effet une grande variété d'éléments qui réagissent entre eux pour s'associer en chaînes moléculaires plus complexes qui alimentent les grandes nébuleuses de poussière. La chimie organique est particulièrement active dans les nuages de gaz et de poussières, malgré les températures basses (environ – 260 °C) et les concentrations moléculaires faibles. Parmi ces molécules interstellaires, les astrophysiciens ont identifié l'eau, l'ammoniac et des dizaines de composés carbonés, comme le monoxyde de carbone, le méthane et certaines variétés d'alcool. S'y ajoutent également des acides aminés, des bases azotées, des acides gras et des hydrocarbures, que l'on retrouve dans l'analyse des météorites. Certaines de ces molécules s'associent pour former des composés chimiques beaucoup plus complexes, comme l'adénine, qui est un composant essentiel des acides nucléiques, eux-mêmes étant un constituant de la molécule d'ADN. En définitive, le cortège des molécules interstellaires annonce les constituants élémentaires de la matière organique à partir desquels se sont édifiés les êtres vivants qui peuplent la planète Terre. Les espaces cosmiques apparaissent ainsi comme de gigantesques laboratoires où s'élaborent en permanence des molécules qui ont participé à la genèse des organismes vivants. Certains scientifiques ont même avancé l'idée que des virus, voire des bactéries, ont pu naître dans les milieux interstellaires avant d'entreprendre un long voyage au cœur des météorites, pour finalement venir ensemencer la Terre. Mais aucune preuve formelle n'est là pour l'affirmer.

Les océans, berceau de la vie ?

Troisième et dernière hypothèse pour expliquer l'apparition des formes de vie, celle des sources hydrothermales des abysses. Sur la Terre actuelle, à 2000 ou 3000 mètres sous la surface des océans, on trouve des rifts médio-océaniques, sièges d'une intense activité volcanique, qui séparent les plaques tectoniques du globe. Les températures y dépassent les 300 degrés et des fluides riches en hydrogène sulfuré et en sulfures minéraux sont émis en permanence. Ces sources hydrothermales sont appelées fumeurs noirs. Elles créent un contexte très hostile à la vie qui n'est pas sans rappeler celui qui prévalait lors des origines de la planète, c'est-à-dire des températures élevées et l'absence d'oxygène libre. Or ces fumeurs noirs favorisent le développement de toute une faune. On retrouve à proximité de ces émissions hydrothermales une vie très diversifiée, comportant des bactéries, des vers, des mollusques... Les fluides qui circulent dans les fumeurs noirs flirtent avec des températures extrêmement élevées. C'est principalement là que s'amassent les micro-organismes thermophiles, qui se développent entre 45 et 100 °C, ou hyperthermophiles, dont la température optimale est supérieure à 80 °C. Ces bactéries ou d'autres bactéries très comparables pourraient être des vestiges des premières formes de vie ayant peuplé la Terre. Aux premiers temps de la Terre, les sites des fumeurs noirs réunissent un ensemble de conditions propices à l'élaboration des molécules prébiotiques, et par conséquent, d'êtres vivants.

Quel que soit le scénario que l'on invoque pour l'apparition de la vie sur Terre, il n'en demeure pas moins une réalité : elle est apparue très tôt dans l'histoire de la Terre et elle a par la suite évolué. Cette évolution a d'abord été très lente et il a fallu 3 milliards d'années avant que n'explose la biodiversité.

À RETENIR

- L'âge de l'univers est estimé à approximativement 13,7 milliards d'années. La principale théorie sur la formation de l'univers est le big-bang.

- La Terre, lors de sa naissance il y a 4,56 milliards d'années, était très différente du monde tel que nous le connaissons aujourd'hui. Il n'y avait pas d'océan et pas d'oxygène dans l'atmosphère

- Les origines de la vie sur Terre demeurent incertaines. Trois théories scientifiques majeures expliquent l'apparition de la vie, dont on pense qu'elle remonte à environ 3,5 à 3,8 milliards d'années.

- La théorie de la soupe primordiale suggère que la vie est apparue dans les océans à partir de molécules libres soumises à de forts rayonnements et à des chocs électriques.

- La panspermie affirme que les formes de vie sur Terre sont apparues par le biais de moyens extraterrestres. Des molécules interstellaires ont, dans cette hypothèse, engendré les premières cellules.

- Les sources hydrothermales au fond des océans ont aussi pu être le berceau de la vie, en témoignent les bactéries qui vivent aujourd'hui près des fumeurs noirs, dans des conditions proches de celles existant lors de la formation de la Terre.

La première cellule vivante

L'apparition de molécules d'intérêt biologique a permis à des cellules de se développer. Mais les mécanismes qui ont conduit à l'apparition de la première cellule vivante font encore débat. Aucune hypothèse ne prédomine vraiment, bien que les plus grands savants se soient penchés sur la question.

La Terre primitive est parsemée de volcans crachant lave et gaz brûlants. Après l'apparition des acides aminés qui sont les constituants mêmes de la molécule d'ADN, il faut une longue évolution pour parvenir aux premières formes de vie.

Le mystère de la vie

Après la naissance de la Terre, il a fallu attendre 800 millions d'années de refroidissement pour que l'eau passe à l'état liquide, condition nécessaire à l'apparition des premiers êtres vivants. Toutes les exigences sont alors rassemblées pour que la vie puisse apparaître : la Terre est à une distance appropriée du Soleil, l'atmosphère est dense, composée d'hydrogène, de méthane, d'ammoniac, de vapeur d'eau et de gaz carbonique, et on trouve de l'eau liquide à la surface, où s'accumulent des molécules protégées des rayons ultraviolets. Pendant des millions d'années, des molécules organiques se sont accumulées dans les mers, formant la soupe primitive. Le pas suivant dans l'évolution de la vie, un véritable pas de géant, a été l'organisation de ces molécules en cellules capables de se répliquer et de transmettre une information génétique à leur descendance. Comment les choses se sont passées reste une énigme. Nul ne connaît avec certitude tous les mécanismes transitoires entre les briques élémentaires, les éléments prébiotiques qui précèdent la vie organisée et l'apparition des premières cellules vivantes et de l'ADN. Qu'est-il apparu en premier : la cellule, les enzymes ou les gènes ? Où et comment trouver ces « premiers vivants » qui, par une longue évolution biologique, ont engendré tous les organismes vivants actuels ? Aujourd'hui, de nombreux modèles résolvent le problème de l'apparition des molécules

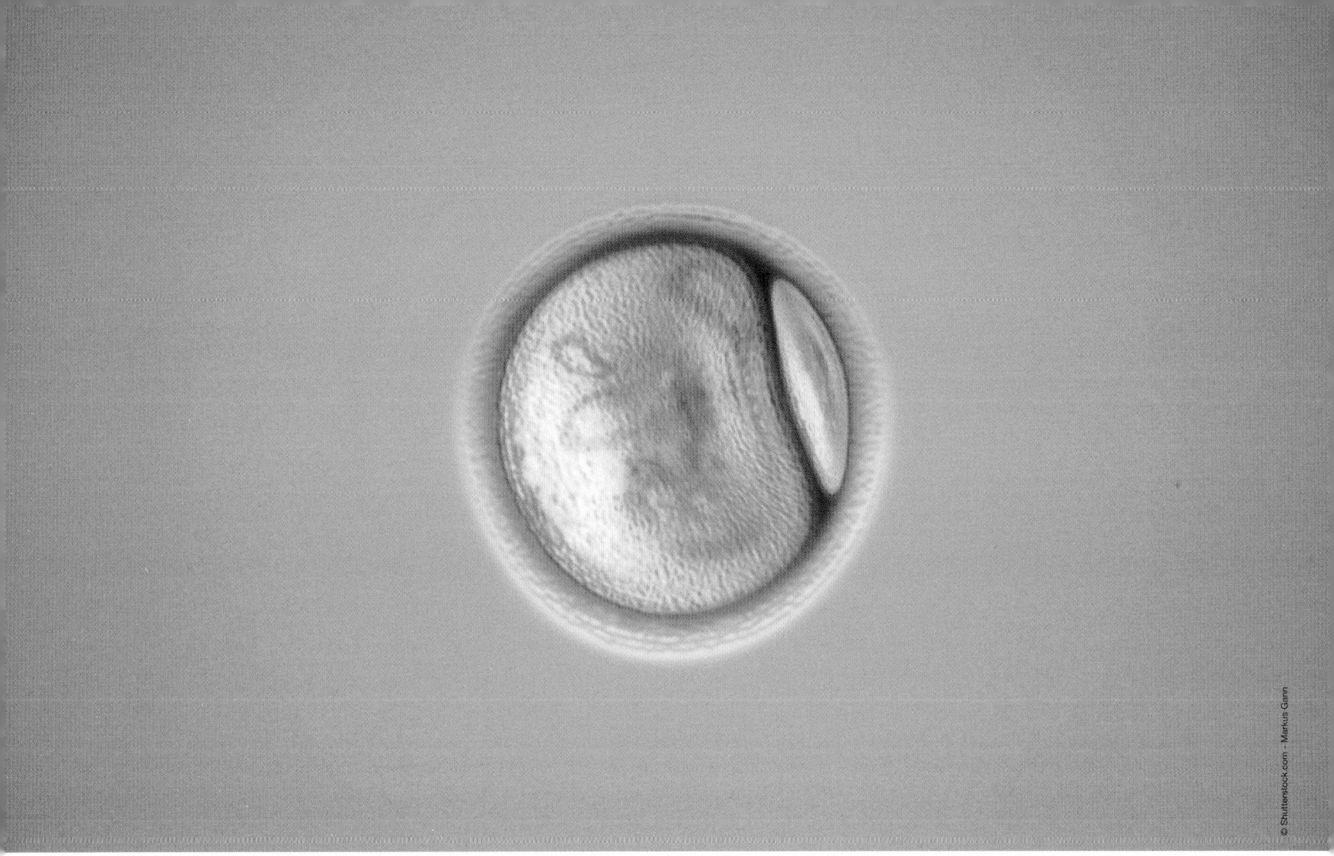

Les conditions de la formation de la première cellule vivante sont encore largement débattues.

organiques. Les scientifiques arrivent à produire de nombreuses petites molécules biologiques (acides aminés, sucres, bases nucléiques) dans des conditions prébiotiques en laboratoires. Mais ces expériences et les modèles qui en sont dérivés ne fournissent pas de certitudes sur les étapes suivantes, qui incluent la transition des molécules d'intérêt biologique aux cellules vivantes ayant un métabolisme de base.

Des protocellules aux cellules

La première théorie sur l'origine de la vie est formulée par le Russe Oparine en 1924. Sa théorie est structurée selon une hiérarchie précise : en premier lieu viennent les cellules, ou quelque chose de comparable, en deuxième lieu les enzymes, et seulement en troisième, les gènes. Son observation expérimentale de départ est que si l'on mélange un liquide huileux dans de l'eau, de petites gouttes qui restent en suspension se forment, sans se séparer en une autre phase, comme cela se passe théoriquement. Or les membranes des cellules sont en grande partie constituées de chaînes lipidiques qui isolent l'intérieur de la cellule du milieu extérieur. L'idée d'Oparine est que la vie a commencé à l'intérieur de ces gouttes, sortes de cellules primitives. Au fil du temps, des populations moléculaires de plus en plus complexes, capables de réaliser de longues séries de réactions, se sont accumulées à l'intérieur de ces chaînes lipidiques. C'est le début du métabolisme cellulaire. Ces agrégats moléculaires deviennent de plus en plus complexes, présentent une sorte de métabolisme primaire et sont capables de concentrer ou de polymériser des corps présents dans la solution. Quand ils sont assez gros, ils deviennent instables et se divisent en deux gouttelettes filles. C'est l'ancêtre de la division cellulaire.

La théorie d'Oparine a été récemment reprise sous le nom de « garbage-bag world » (monde de sacs poubelles). Dans cette optique, la vie commence avec de petits sacs, précurseurs des cellules, qui délimitent de petits volumes contenant différents types de déchets chimiques. Un ensemble de molécules à l'intérieur de ce sac peut occasionnellement contenir des catalyseurs qui facilitent la synthèse d'autres molécules qui à leur tour catalysent d'autres réactions chimiques et ainsi de suite. De temps à autre, sous l'effet de turbulences ou de forces extérieurs, ces sacs se déchirent en deux ou plusieurs parties et chacune de ces parties filles se trouvent contenir encore toutes les substances et tous les catalyseurs présents dans le sac d'origine. Les caractéristiques essentielles des protocellules se conservent et la sélection naturelle peut agir sur elles en les rendant de plus en plus fines, et les mécanismes métaboliques correspondants plus précis.

Dans un scénario de ce genre, il est possible que la sélection naturelle ait produit, au bout de quelques millions d'années, des protocellules dotées de presque tous les systèmes les plus avancés que nous connaissons pour les cellules proprement dites. Ce n'est que dans un deuxième temps que ces protocellules sont entrées en relation avec les gènes, ouvrant la voie aux organismes vivants que nous connaissons aujourd'hui.

Le monde de l'ARN, et les enzymes d'abord

La seconde théorie, qui n'est pas forcément incompatible avec la première, suggère que les acides nucléiques se sont organisés avant la cellule. Dans les océans primordiaux, les acides nucléiques devaient être des molécules isolées et pas encore associées à des protéines. Pour cela, elles sont contraintes de se dupliquer sans recourir à des enzymes, en capturant un à un,

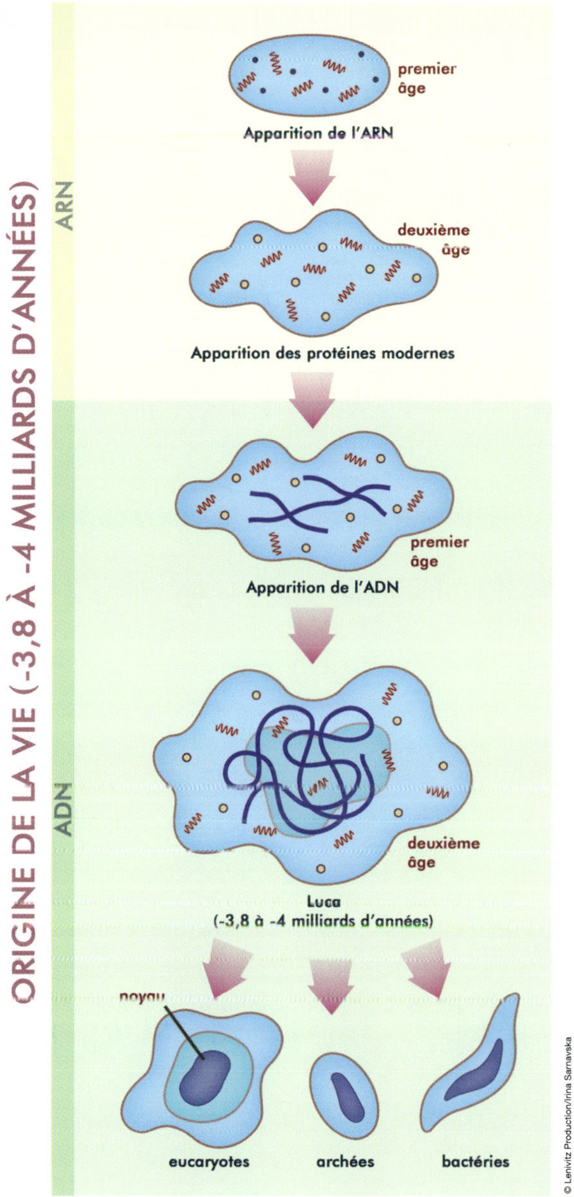

La théorie du monde des acides nucléiques suggère que l'ARN a permis le développement de la vie.

au moyen de liens chimiques, les molécules nécessaires pour construire une chaîne complémentaire de la leur. C'est la théorie dite du « monde des acides nucléiques » ou « monde de l'ARN ». Dans cette hypothèse, l'ARN, l'acide ribonucléique, est apparu en premier, et s'est aidé de protéines pour se reproduire plus facilement. Cet ensemble ARN et protéines s'est entouré ensuite d'une membrane lipidique qui concentre et protège les molécules. Par la suite, l'ARN est remplacé par de l'ADN, plus stable pour conserver l'information génétique, mais l'ARN continue d'être utilisé par tous les êtres vivants dans la synthèse des protéines. Contrairement à l'ADN qui n'a que des fonctions d'information, l'ARN peut servir aussi bien de matériel que de logiciel dans la synthèse des protéines.

Une autre théorie est celle des « enzymes d'abord ». Selon cette approche, il est plus facile de synthétiser des acides aminés (les éléments de base des protéines et donc des enzymes) que des nucléotides (les éléments de base de l'ADN et de l'ARN). Il est donc plausible que les protéines soient apparues les premières. Reste que pour obtenir une enzyme, il est nécessaire de disposer du gène possédant l'information qui gouverne sa synthèse. Dans les années 1970, une théorie selon laquelle les gènes se seraient formés les premiers a fait son apparition. Cette théorie est séduisante, car le caractère fondamental de la vie est l'hérédité. Tout organisme vivant, pour être pleinement en état de fonctionner, doit en effet être doté d'un « logiciel », c'est-à-dire d'une information capable non seulement de l'activer mais aussi de le construire, ainsi que d'un métabolisme qui lui permet de faire fonctionner l'information et d'appliquer les différents programmes qu'elle contient. Il semble néanmoins que les premières molécules porteuses d'informations aient été des molécules d'ARN et non pas des molécules d'ADN.

La naissance de la cellule

Indépendamment de la façon dont les choses se sont passées, la construction de la cellule devint à un certain stade une exigence qui ne pouvait être différée. La réserve de nucléotides libres disponibles pour construire un nouvel ARN s'est épuisée et les premières difficultés pour les réplicateurs sont apparues. ARN et protéines ont dû collaborer pour se protéger. Voici donc l'idée de l'origine de la vie comme association chimique entre deux types de structure, l'une (celle de l'ARN) capable de se répliquer mais dépourvue de prestations élevées, l'autre (celle des protéines) hautement flexible du point de vue fonctionnel mais totalement incapable de réplication. Pour que ces deux structures deviennent des symbiotes, il fallait que d'un côté, les protéines puissent défendre l'ARN des dangers extérieurs, et que de l'autre côté, l'ARN puisse fournir aux protéines ce service de conservation et de duplication de l'information qu'elles ne peuvent pas produire elles-mêmes. Tout ce système devait être contenu à l'intérieur d'une zone délimitée et protégée qui n'est autre que la cellule. C'est ainsi qu'apparaît le code génétique, à savoir une forme conventionnelle de traduction de la séquence de nucléotides dans l'ARN en séquence d'acides aminés dans une protéine. Avec le temps, les membranes des cellules sont devenues de plus en plus complexes. La membrane est devenue un filtre sélectif qui permet l'entrée de substances nutritives et la sortie des déchets. Il s'agit d'un assemblage de lipides, qui forment la structure, et de protéines, qui assurent les fonctions de transfert.

Quelle que soit la façon dont ils sont apparus, voici donc en scène les premiers organismes vivants. Ce sont des bactéries, délimitées par une membrane cellulaire, dotées d'un cytoplasme, riche de nombreuses protéines et surtout de la molécule d'ADN qui a fait entre-temps son apparition. Les premières traces indubitables d'organismes vivants proviennent de roches terrestres vieilles de 3,8 à 3,5 milliards d'années. Il s'agit des stromatolites, des corpuscules carbonés produits par une activité bactérienne.

À RETENIR

- Une cellule est composée de milliers de molécules organiques inertes : eau, lipides, glucides, protéines et acides nucléiques essentiellement. Ces molécules constituent la structure de la cellule et participent à l'ensemble des réactions chimiques nécessaires à son fonctionnement.

- Oparine a émis l'hypothèse que la cellule était apparue la première, suivie des enzymes, et enfin des gènes. Pour Oparine, la vie aurait commencé quand des populations complexes de molécules se sont accumulées dans des gouttelettes. Les enzymes seraient apparus ensuite, puis les gènes en derniers.

- Une des grandes caractéristiques du vivant est sa capacité à se reproduire. Sur la terre primitive, une molécule a probablement acquis, petit à petit, cette capacité. Une protocellule (cellule primitive) a pu se former par enfermement de cette molécule dans une petite vésicule.

- Des vésicules contenant des collections de composés chimiques formées au hasard sont entrées en compétition jusqu'à ce qu'une soit formée avec toutes les propriétés d'un organisme primitif. La cellule à l'origine de tous les êtres vivants actuels s'est alors formée.

Le monde microbien

Quelques centaines de millions d'années après la formation de la Terre, le refroidissement est suffisant pour permettre la condensation de la vapeur d'eau et l'apparition de la vie. Une vie qui va peu à peu acquérir les bases du métabolisme de tous les êtres vivants.

Il est attesté que l'existence des cyanobactéries remonte aux temps les plus reculés de l'histoire de la Terre. Les premiers témoignages certains de la présence d'êtres vivants proviennent de roches vieilles de 3,5 à 3,8 milliards d'années.

L'incroyable diversité microbienne

La morphologie de ces bactéries varie d'un gisement à l'autre. Leur forme est sphérique ou allongée comme un grain de riz, ou elles sont étirées en filaments. La grande diversité des métabolismes déployés prédispose les micro-organismes à coloniser les environnements les plus variés. Il en est ainsi des milieux où règnent des conditions extrêmes tels les marais salants, le fond des océans, ou les sources hydrothermales. Autant d'environnements hostiles aux autres organismes vivants, mais que le monde microbien parvient à conquérir. Les bactéries dites thermophiles, par exemple, supportent des températures proches de 100 °C, et les bactéries pourpres prolifèrent dans des environnements riches en hydrogène sulfuré.

L'oxygène n'est pas présent à la surface de la Terre, les premières bactéries effectuent des fermentations et libèrent du méthane ou de l'hydrogène sulfuré. Cette incroyable adaptabilité du monde microbien a permis aux premières bactéries d'affronter le contexte particulièrement hostile de la Terre primitive, une planète parsemée d'étendues d'eaux chaudes et acides, et entourée d'une atmosphère dépourvue d'oxygène. Leur prolifération, qui s'est étalée sur plusieurs millions d'années, a probablement recouvert le globe terrestre d'un tapis polychrome de couches microbiennes. Une diversité de couleurs qui n'est pas sans rappeler celle de Yellowstone, un parc

Les bassins de Yellowstone se parent de couleurs qui correspondent à des colonies microbiennes.

national américain du Wyoming, connu pour ses sources thermales. Les bords de chaque bassin se parent de couleurs différentes, auxquelles correspondent des colonies de micro-organismes différents. Mais les micro-organismes sur Terre ne se limitent pas à ce rôle purement décoratif. Les métabolismes en jeu sont très variés et sont à l'origine d'une grande diversité de genèses minérales. L'activité bactérienne se trouve être à l'origine de nombreux gisements métallifères. Les bactéries ont oxydé les sulfures et solubilisé les métaux comme le cuivre. Elles interviennent également probablement dans la formation des pépites d'or. On a pu montrer en laboratoire que des bactéries sont capables d'intégrer de l'or et de le précipiter. L'activité microbienne a ainsi permis la genèse de roches calcaires et les gisements de fer rubané, une gigantesque accumulation minérale où s'approvisionnent la plupart des complexes sidérurgiques du monde.

Les cellules cherchent leur énergie

Pour se reproduire et coloniser la surface du globe, les bactéries primitives ont toutefois besoin d'énergie. Elles développent alors des mécanismes complexes, qui sont encore les mécanismes actuels, et par lesquels les êtres vivants trouvent leur énergie. L'évolution organique n'a été possible que par la mise en place de mécanismes métaboliques à haut rendement, susceptibles de fournir une grande quantité d'énergie aux cellules. Le carburant organique universel est l'adénosine triphosphate ou ATP. Sa propriété la plus importante est la libération d'énergie lors de sa cassure en adénosine diphosphate (ADP) et phosphate inorganique, une énergie directement utilisable par la cellule. Dans le milieu naturel primitif, les protobiontes, ancêtres des cellules, puis les premières cellules vivantes ont dû capter l'ATP, abondant dans la soupe primordiale, et il leur suffisait de casser ces molécules pour libérer l'énergie dont elles avaient besoin. À ce stade, l'ADP était rejeté comme un déchet. L'ATP est le fournisseur d'énergie de la cellule et reste le carburant universel du vivant. Les seuls changements métaboliques acquis par évolution portent donc sur la manière dont la cellule se procure l'ATP au fur et à mesure que s'épuise celui qui est apparu librement dans l'environnement. Très vite, les bactéries rencontrent la première crise d'énergie. Elles se sont multipliées et cette augmentation démographique accroît considérablement les besoins énergétiques. La conséquence immédiate est la pénurie des sources d'ATP formé de façon inorganique. La survie se trouve alors dans le recyclage, et le vivant est obligé de fabriquer l'ATP lui-même à partir de l'ADP. Mais cette réaction exige un apport énergétique. Les micro-organismes ont donc développé la glycolyse ou dégradation du glucose, molécule abondante dans le milieu primitif. Ainsi, l'énergie fournie par le catabolisme ou dégradation du glucose leur sert à restaurer l'ATP. En l'absence d'oxygène, la glycolyse (voie d'assimilation du glucose) se fait par voie anaérobie, c'est-à-dire par fermentation, ce qui continue aujourd'hui chez quelques organismes qui vivent dans des niches marginales, à l'abri de l'oxygène.

L'apparition de la photosynthèse

Les ressources en sucre spontanément formé dans l'environnement se sont épuisées à leur tour et la deuxième crise d'énergie s'est produite. Le vivant n'a d'autre issue que de fabriquer lui-même ce sucre nécessaire ce qui exige une quantité relativement importante d'énergie. La solution a été la photosynthèse qui permet aux cellules, grâce à certains pigments capables de

Les stromatolites sont les premières traces de l'activité métabolique d'organismes unicellulaires.

capter l'énergie transportée par les rayons du soleil, de fabriquer des sucres à partir de molécules simples et abondantes. Très vite, grâce à l'acquisition de pigments chlorophylliens, certaines bactéries sont capables de réaliser une photosynthèse évoluée. Cette innovation, réalisée par certaines bactéries, rejette de l'oxygène dans l'atmosphère. Elle va peu à peu changer la composition des gaz dissous dans les océans et celle de l'atmosphère. Cet enrichissement en oxygène fut graduel.

L'un des impacts majeurs des communautés microbiennes sur l'environnement planétaire concerne donc la modification de la composition de l'atmosphère terrestre, avec l'utilisation du dioxyde de carbone pour produire de l'oxygène. Apanage des végétaux supérieurs, la photosynthèse est initialement présente chez certains micro-organismes comme les cyanobactéries. On admet qu'au cours des immenses durées du Précambrien, vers – 3,5 milliards d'années, leur activité photosynthétique a contribué à enrichir progressivement l'atmosphère terrestre en oxygène. Ce sont elles qui sont à l'origine des stromatolites, les plus anciennes roches fossiles d'origine biologique connues, que l'on retrouve notamment dans la baie de Shark en Australie. Ces édifices se présentent sous l'aspect de monticules, généralement composés d'éléments en forme de champignons ou de colonnes, d'une hauteur de un à plusieurs mètres selon leur âge et leur construction. Les stromatolites sont plus fréquents dans les sédiments d'âge précambrien. Ces communautés dominent la vie marine entre 3,5 milliards d'années et 500 millions d'années. L'apparition de formes de vie plus complexes, tels les mollusques, les crustacés et les vertébrés vers la fin du Précambrien et le début du Cambrien, annoncent leur déclin.

La naissance de la respiration

L'apparition de l'oxygène a pour conséquence de créer la couche d'ozone, dont la formation débute il y a 2,8 milliards d'années. En interceptant le rayonnement ultraviolet, elle protège la biosphère de ses effets létaux. Vers la même époque apparaissent les premières formations géologiques rouges dont la coloration rouille résulte de l'oxydation du fer au contact de l'air. On estime qu'il y a 2 milliards d'années, les teneurs en oxygène de l'atmosphère avoisinaient les 10 %. Aujourd'hui, elles atteignent 21 %, une originalité de la Terre parmi les planètes du système solaire. La concentration en dioxyde de carbone diminue, tandis qu'augmente celle en oxygène. Cela contribue au rafraîchissement de la planète, puisque l'effet de serre causé par le dioxyde de carbone est moindre. Avec la mise en place d'une atmosphère oxydante et de la couche d'ozone, les conditions sont

réunies pour une nouvelle étape de l'histoire de la vie : l'apparition d'êtres à respiration aérobie, prélude à l'essor du monde animal et végétal.
La respiration remplace peu à peu la fermentation dans certaines bactéries, avec l'apparition de nouvelles combinaisons génétiques qui utilisent les sucres en fournissant beaucoup plus d'énergie. En vérité, il ne s'agit pas d'une véritable substitution, mais plutôt du prolongement des processus biochimiques déjà utilisés. Les chaînes de dégradation du glucose sont prolongées. La fermentation d'une molécule de glucose fournit deux ATP, alors que la respiration fournit 36 ATP : l'aérobiose présente un rendement énergétique 18 fois plus élevé que l'anaérobiose. En résumé, l'impact de la vie microbienne sur l'environnement planétaire revêt des aspects multiples. Il affecte les migrations de la matière, la genèse d'espèces minérales, la composition de l'atmosphère et le façonnement de la surface terrestre. Dans l'histoire de la vie, les micro-organismes représentent une étape pionnière qui a précédé et préparé l'émergence d'organismes plus évolués : les cellules à noyaux et les eucaryotes. Bénéficiant désormais d'une atmosphère oxydante et de climats plus cléments, la planète est prête pour l'accueil d'un monde vivant plus complexe.

À RETENIR

- Vers – 3,5 milliards d'années, apparaissent les stromatolites, les premiers édifices dits bioconstruits, considérés comme résultant de l'activité métabolique d'organismes unicellulaires.

- Les premières formes de vie utilisent des molécules de leur environnement pour s'approvisionner en énergie. Une fois ces molécules épuisées, elles développent les premières formes de métabolisme énergétique : la fermentation.

- L'autre étape est l'apparition de la photosynthèse pratiquée par certains types de bactéries pour produire des sucres, qui leur servent de substrat énergétique.

- L'activité photosynthétique des cyanobactéries modifie la composition des gaz dissous dans les océans et celle de l'atmosphère. Elle contribue à enrichir l'atmosphère terrestre en oxygène. La couche d'ozone qui en résulte se met en place à partir de – 2,8 milliards d'années.

- Grâce à la mise en place d'une atmosphère riche en oxygène et grâce la formation de la couche d'ozone, les conditions sont réunies pour une nouvelle étape de l'histoire de la vie : l'apparition du mécanisme de la respiration, prélude à l'essor du monde animal et végétal.

Les cellules eucaryotes

Après l'émergence des bactéries et leur développement sur la planète, le chemin de l'évolution s'est poursuivi avec les eucaryotes ou cellules à noyau. L'apparition d'eucaryotes d'abord unicellulaires ouvre la voie à la formation d'organismes plus complexes.

Pendant longtemps, les biologistes ont estimé que tous les êtres vivants pouvaient se ranger soit parmi les végétaux, soit parmi les animaux. C'était là, pensaient-ils, une distinction de base : les premiers sont fixes et tirent leur nourriture directement des éléments minéraux du sol et de l'atmosphère, les seconds sont généralement mobiles et se nourrissent le plus souvent en ingérant des aliments d'origine animale ou végétale.

La naissance des premiers eucaryotes

En fait, la plus grande division dans le règne vivant n'est pas entre les plantes et les animaux, elle se situe plutôt entre les êtres vivants à cellules sans noyau (procaryotes) et les êtres vivants à cellules dotées d'un noyau (eucaryotes). Cette distinction a été remarquée dès les années 1920 par le biologiste français Édouard Chatton, qui a d'ailleurs forgé les termes procaryote et eucaryote. Mais cette différenciation n'a commencé à être acceptée qu'à partir des années 1960. Dans le groupe des procaryotes figurent, par exemple, les bactéries et les algues bleues (les cyanobactéries) ; chez les eucaryotes, on retrouve les champignons, les végétaux et les animaux, et certains organismes unicellulaires.
Tous les eucaryotes possèdent un noyau cellulaire où se trouve concentrée l'information génétique. Les eucaryotes unicellulaires se distinguent également des procaryotes par leur taille, qui est environ dix fois supérieure à celle des bactéries. Ce dernier critère conduit à les identifier dans des roches très anciennes et nous permet de dater leur apparition sur la scène de la vie à 2,68 milliards d'années environ. Le développement des cellules eucaryotes est rendu possible grâce à une atmosphère oxydante, riche en oxygène, et à l'acquisition de la respiration, un mécanisme nouveau pour l'assimilation des

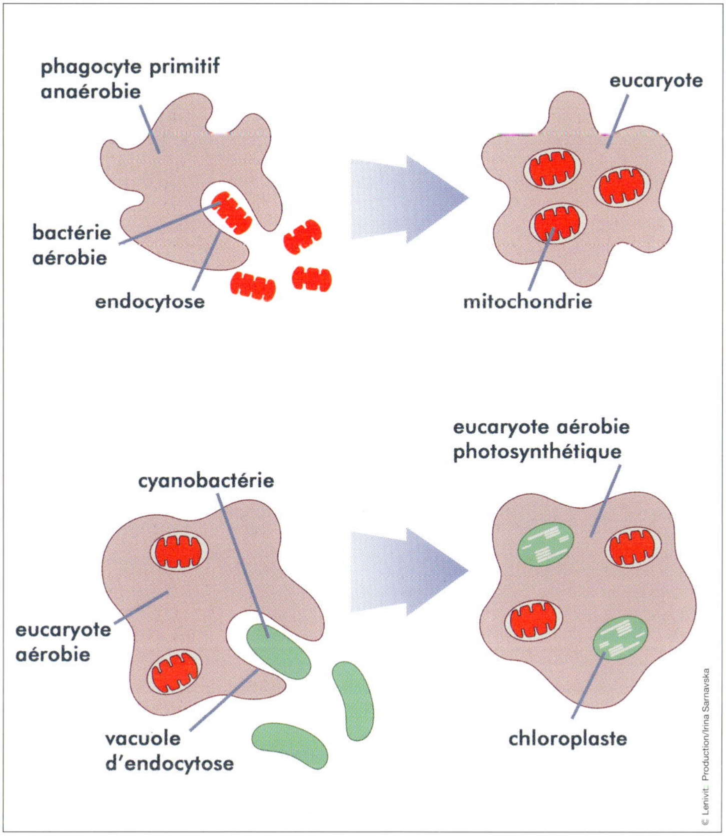

Les mitochondries et les chloroplastes proviennent de bactéries venues habiter une cellule hôte.

nutriments et la production d'énergie. En effet, les processus de fermentation, qui ont prévalu chez les procaryotes, conduisent à une dégradation incomplète des métabolites (composés organiques). En revanche, la respiration oxyde totalement les métabolites et se traduit par une libération d'énergie bien plus grande que lors de la fermentation. Le mécanisme de la respiration change la donne du bilan énergétique des organismes vivants et a assuré le succès du monde animal et végétal, et son étonnante diversité.

Des cellules plus complexes

Les cellules eucaryotes ne diffèrent donc pas seulement des cellules procaryotes par le fait qu'elles possèdent un noyau : elles ont aussi dans leur cytoplasme des corpuscules, tels que les mitochondries et les chloroplastes. Les mitochondries sont des organites où s'effectuent les réactions biochimiques de la respiration cellulaire, c'est-à-dire les réactions d'oxydation des sucres et autres substrats conduisant à la production de l'énergie chimique nécessaire à la vie de la cellule. Dans un langage imagé, les mitochondries sont souvent appelées les « centrales énergétiques » de la cellule. Les chloroplastes sont quant à eux, chez les végétaux, le siège de la photosynthèse et donc de la production de matière carbonée. Cette organisation interne plus complexe des cellules eucaryotes suggère qu'elles sont apparues après les cellules procaryotes. Mais comment s'est fait le passage entre les deux catégories fondamentales d'êtres vivants ?

La première théorie, dite autogène, précise que la cellule eucaryote est apparue par la formation progressive au sein du cytoplasme (l'intérieur de la cellule) de compartiments spécialisés : le noyau contenant le matériel génétique, les mitochondries contenant les enzymes nécessaires à la respiration, les plastes contenant les enzymes et les pigments nécessaires à la photosynthèse, et par l'accroissement progressif des dimensions des cellules. Rien ne prouve jusqu'à présent que cette théorie soit fausse. Cependant, si les organites des cellules eucaryotes sont réellement apparus de cette façon, on ne trouve néanmoins aucune forme intermédiaire. Une autre théorie, celle de l'endosymbiose en série, est plus largement acceptée.

L'endosymbiose, ou la coopération bactérienne

Les mitochondries et les chloroplastes proviendraient de simples bactéries indépendantes venues habiter le cytoplasme des ancêtres des eucaryotes. Ces procaryotes parasites auraient alors été phagocytés (absorbés) par d'autres organismes procaryotes, mais sans être digérés. Elles auraient alors lié des relations symbiotiques, c'est-à-dire des associations prolongées de deux sortes d'êtres vivants dont chacun tire partie. Le fait de posséder en son sein des organismes capables d'effectuer la respiration ou la photosynthèse sera devenu un vrai avantage pour ces nouveaux organismes. Peu à peu ces organismes se seront intégrés à la cellule hôte, leur ADN se sera combiné à l'ADN de la cellule, et ils seront devenus des organites cellulaires. Cette théorie est de plus renforcée par le fait que les mitochondries et les chloroplastes contiennent de l'ADN, de l'ARN messager, des ribosomes et des ARN de transfert : ils peuvent donc se multiplier indépendamment du noyau cellulaire, par réplication de leur ADN et même synthétiser certaines de leurs protéines sous le contrôle de leurs propres gènes. Cela suggère fortement

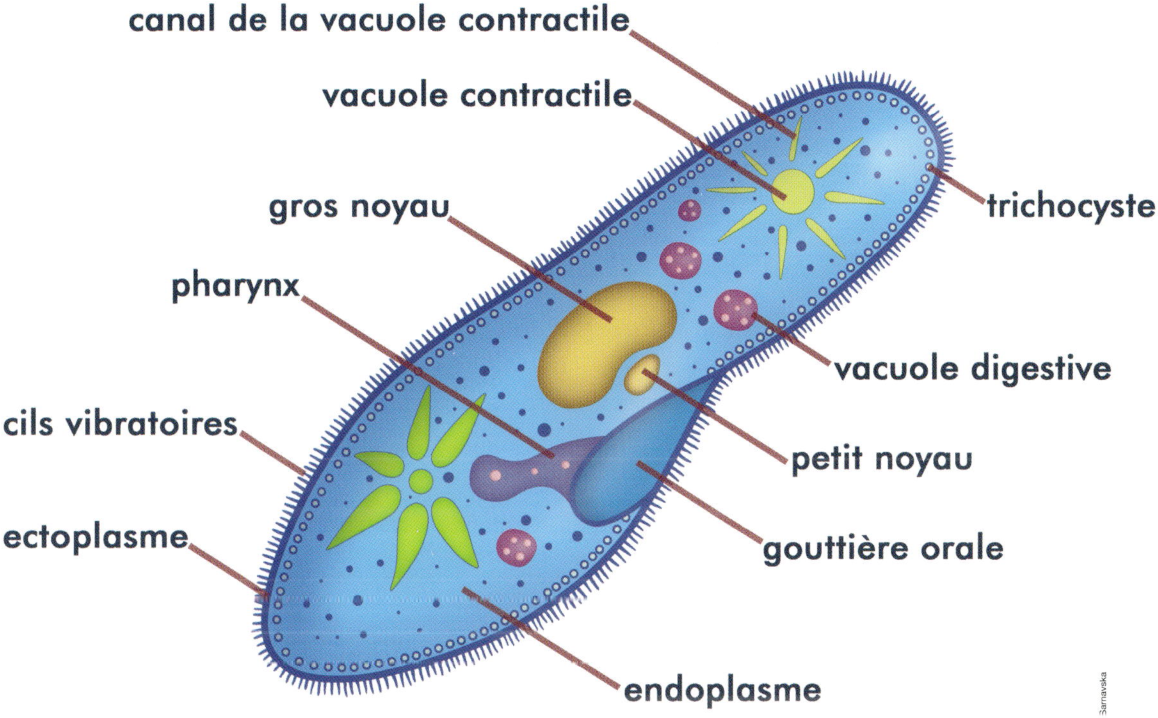

STRUCTURE D'UNE PARAMÉCIE

Exemple de cellule eucaryote unicellulaire : la paramécie, qui vit dans les eaux douces.

que ces organites ont été jadis des organismes unicellulaires, capables de s'auto-reproduire et de synthétiser la totalité de leurs protéines. Schématiquement, les cellules eucaryotes ne possédant pas de procaryote photosynthétique ont évolué vers les animaux, et ceux en possédant ont évolué vers les végétaux.

Les procaryotes, organismes peu visibles et pourtant cruciaux du microcosme, sont les ancêtres primordiaux de tous les êtres vivants actuels : ils ont d'ailleurs dominé la Terre au cours de la plus grande partie de son histoire fossile. Les premiers eucaryotes sont les protistes, autrefois appelés protozoaires. Majoritairement aquatiques, on les retrouve dans tous les milieux. Ils ne peuvent toutefois vivre qu'en milieu humide, mais possèdent des formes de résistances très efficaces. Malgré le fait qu'ils sont unicellulaires, les protistes présentent une grande variété de formes. Les actinopodes et les foraminifères, par exemple, possèdent de grandes expansions de leur membrane qui permettent à ces cellules planctoniques de flotter avec les autres organismes du plancton. On peut remarquer que le cytosquelette, c'est-à-dire le squelette interne à la cellule, est assez riche. Il est à l'origine de la locomotion de ces petits organismes, grâce à la présence de flagelles et de cils, ou par l'intervention des microfilaments chez les amibes (protistes qui vivent dans les eaux douces et les eaux salées), qui servent de point d'attache à l'individu pour se déplacer. L'un des protistes les plus connus et les plus étudiés est la paramécie. Celle-ci vit isolée, en eau douce. Elle apparaît en grand nombre dans les infusions de végétaux, rendant sa culture et son étude aisée. Elle est l'un des premiers organismes unicellulaires à avoir été observés au microscope. La taille de la cellule varie de 50 à 300 micromètres de long suivant les espèces. Pour se déplacer, la paramécie utilise les cils qui la recouvrent et qui battent de façon synchronisée. Les paramécies se nourrissent par phagocytose, c'est-à-dire par capture et ingestion, essentiellement des bactéries du milieu ambiant. La digestion se fait dans un organite spécialisé de la cellule : la vacuole.

Vers les organismes pluricellulaires

Des chercheurs estiment que certaines colonies bactériennes peuvent être considérées comme pluricellulaires, étant donné l'importance de la communication entre les différentes cellules et la coordination de leurs actions. Si l'association entre plusieurs cellules entraîne pour chacune d'elles une difficulté plus grande à chercher sa nourriture, ce désavantage est compensé par la protection et la coopération qu'apporte la vie à plusieurs. Plus le nombre de cellules par colonie

s'est accru, plus les cellules se sont spécialisées. En effet les cellules les plus éloignées de la surface de la colonie, ne pouvant plus se nourrir seules, ont dû compter sur leurs voisines, et en ont profité pour remplir plus efficacement une autre fonction, qui profite à l'ensemble de la colonie. Petit à petit se sont ainsi différenciés différents types de cellules. L'activité des gènes devenus inutiles a été progressivement réprimée sous l'action de gènes régulateurs. On peut alors dire que les cellules se sont réellement spécialisées.
Dès la formation de cellules eucaryotes, des essais d'associations entre cellules ont été tentés. Cela a pu être provoqué par des divisions incomplètes (plusieurs noyaux dans une même cellule comme chez les myxomycètes, des protistes qui vivent sur le bois mort, la litière de feuilles et brindilles, le compost, les mousses...), ou plus simplement par le fait que les cellules filles ne se séparent pas après une division. Rapidement les protistes se réunissent en colonies. Par la suite la faculté des cellules à s'associer selon leur type, a permis de structurer les amas cellulaires en de vrais organismes. L'apparition des premiers organismes pluricellulaires est toute proche.

À RETENIR

- L'apparition des premières cellules eucaryotes remonte à environ 2,68 milliards d'années. C'est une cellule plus grosse, plus complexe et plus efficace que la cellule procaryote. Dans un premier temps, elle sera la base d'une incroyable variété d'organismes unicellulaires vivant seuls ou agrégés.

- Les premiers eucaryotes sont d'abord unicellulaires. Malgré leur simple organisation cellulaire, les unicellulaires possèdent un métabolisme propre et peuvent se reproduire. Grâce aux cytosquelettes de la cellule, ils peuvent aussi se mouvoir.

- Les eucaryotes ont pu avoir pour ancêtres des bactéries qui, originellement, vivaient indépendamment. Elles sont ensuite devenues hôtes permanents de plus grosses bactéries et des symbioses entre les différents partenaires se sont établies, ce qui a donné les premiers êtres unicellulaires eucaryotes.

- Les agrégats d'eucaryotes ou colonies commencent à différencier les rôles des différentes cellules. C'est l'apparition des premiers organismes pluricellulaires.

Les premiers pluricellulaires

L'apparition des organismes pluricellulaires marque un tournant sur la scène de l'évolution. L'homme a longtemps pensé que les premiers organismes pluricellulaires complexes et différenciés étaient apparus il y a environ 600 millions d'années. Ceux-ci sont en réalité beaucoup plus anciens.

Pendant les deux milliards d'années qui suivent l'apparition de la Terre, la planète est colonisée par un monde microbien de procaryotes, comportant des bactéries et des algues unicellulaires. De ces organismes naissent ensuite les cellules eucaryotes (cellules à noyau) unicellulaires. Même après l'apparition des eucaryotes, la vie sur la Terre reste longtemps microscopique. Les eucaryotes unicellulaires vont progressivement s'associer entre eux pour former des organismes pluricellulaires. Le monde vivant prend alors un nouveau tournant, l'hégémonie et l'immobilité des tapis microbiens en sont durablement perturbées. Un nouveau chapitre s'inscrit au livre de la vie. À quand remonte l'apparition des premiers organismes pluricellulaires ? La communauté scientifique n'est pas encore fixée. Au gré des découvertes fossiles, leur naissance ne cesse de remonter dans le temps. En juillet 2010, une petite révolution, remettant en cause tous les fondamentaux de l'évolution, est venue bouleverser le monde scientifique.

Quel âge pour les premiers pluricellulaires ?

Les paléontologues ont longtemps pensé que les premiers organismes pluricellulaires dataient d'environ 700 millions d'années, où une grande diversité de formes fossiles est retrouvée. Les biologistes moléculaires affirment néanmoins que ces organismes sont apparus avant cette date. « L'horloge moléculaire », qui se base sur l'accumulation régulière de mutations dans le temps, indique que les pluricellulaires apparaissent plus tôt sur l'échelle évolutive. D'ailleurs on sait désormais, grâce aux découvertes fossiles, que les formes de vie pluricellulaires existent bien avant 700 millions d'années.

Les méduses figurent probablement parmi les premiers organismes pluricellulaires.

En juillet 2010, une publication d'Abderrazak El Albani, maître de conférence à l'université de Poitiers et géologue au laboratoire Hydrasa, fait remonter l'apparition des organismes pluricellulaires à plus de 2 milliards d'années.

Cet article, publié dans la revue *Nature*, laisse d'abord la communauté scientifique incrédule. Lors d'un travail de routine géologique dans une carrière de grès, près de Franceville au Gabon, l'équipe de recherche, menée par Abderrazak El Albani, découvre des fossiles d'organismes pluricellulaires vieux de 2,1 milliards d'années. Plus de 250 fossiles ont été découverts dans des couches noires argileuses. Ils présentent des formes étonnantes et diversifiées, et mesurent 10 à 12 centimètres. Ils sont donc bien trop grands pour être de simples organismes unicellulaires.

Une révolution scientifique

Ces fossiles sont porteurs d'une véritable révolution dans les sciences de l'évolution : ils remettent en cause toute l'histoire de l'émergence de la vie telle qu'elle est enseignée jusqu'à présent. Lors de la publication de l'article, beaucoup de chercheurs contestent l'exactitude de cette découverte. Certains évoquent la possibilité d'assemblage d'unicellulaires échangeant informations et matière. D'autres pensent qu'il s'agit d'organismes coloniaux, un regroupement d'unicellulaires, qui occupent le fond de la mer et qui préfigurent seulement les véritables êtres multicellulaires. Il y a 2,1 milliards d'années, la vie sur Terre relève en effet du miracle. La Lune est si proche que les marées sont gigantesques. Le soleil est masqué par une atmosphère épaisse, rougeâtre, plus dense qu'aujourd'hui et très chargée en gaz carbonique. La teneur en oxygène de l'atmosphère représente environ 10 % de la teneur actuelle. Trop peu, encore, pour qu'une véritable barrière d'ozone protège la terre des agressifs rayons ultraviolets du Soleil, mais suffisamment pour que l'oxygène pénètre 30 à 40 mètres sous la surface des océans, et donc permette l'émergence d'êtres de grande taille consommateurs d'oxygène.

Reste que si l'apparition des premiers organismes pluricellulaires eucaryotes date d'au moins 2,1 milliards d'années, la pluricellularité a pu apparaître plusieurs fois au cours de l'évolution et par des mécanismes différents. La vie à l'état pluricellulaire procure en effet de nombreux avantages sélectifs, comme la possibilité d'une augmentation de la taille de l'organisme ou d'une spécialisation des différentes cellules. La nature a donc dû « tester » la pluricellularité plusieurs fois au cours de l'évolution des différentes formes de vie. Rien ne prouve donc que ces fossiles pluricellulaires vieux de 2,1 milliards d'années soient les ancêtres de fossiles pluricellulaires plus récents. Mais rien ne prouve le contraire non plus...

La faune d'Ediacara

Jusqu'à la découverte d'Abderrazak El Albani, la faune d'Ediacara constituait les plus vieux organismes pluricellulaires connus de taille visible. Elle doit son nom aux collines Ediacara, situées à 650 kilomètres au nord de la ville d'Adélaïde en Australie, où ces animaux sont tout d'abord découverts. Aujourd'hui, ces organismes ont aussi été trouvés sur d'autres continents. Cette faune date du Précambrien, plus précisément de l'Édiacarien, et caractérise un intervalle de temps compris entre – 670 et – 540 millions d'années ; la Terre sort alors d'une intense période glaciaire au cours de laquelle une grande partie du globe terrestre est gelée. De la faune d'Ediacara, que l'on date d'environ 600 millions d'années, ne

La faune d'Ediacara se compose d'organismes qui vivent sur le fond marin.

restent que des empreintes apparentes sur une surface de grès, qui ont permis de déterminer l'aspect de ces êtres vivants. En dépit d'une grande variété de morphologies, ces organismes possèdent en commun un corps très aplati. Des fossiles, dont le contour évoque celui d'un disque ou d'une feuille à segmentation apparente, ont été attribués à des vers. Leur taille pouvait atteindre un mètre de long. Apparemment dépourvus de bouche et de tube digestif, ils absorbaient probablement les nutriments par toute la surface de leur corps. Il est vraisemblable que leurs tissus hébergeaient des bactéries ou des algues symbiontes leur assurant un apport suffisant en éléments nutritifs. À l'instar de la situation rencontrée chez les coraux actuels, l'association d'un hôte et de micro-organismes se révèle à bénéfice mutuel. L'hôte garantit protection aux bactéries, celles-ci en retour lui procurent des nutriments. D'autres fossiles sont proches des pennatules actuelles ou plumes de mer qui peuplent encore les océans. Enfin des traces circulaires sont interprétées comme des empreintes d'ombrelles de méduses.

D'autres espèces animales, plus proches de celles que l'on connaît aujourd'hui sont caractéristiques de la faune d'Édiacara : des éponges, des vers, des cœlentérés (dont les anémones de mer sont les représentants actuels) et des mollusques au corps mou.

Ces animaux prélèvent activement leur nourriture à partir des mattes microbiennes qui leur servent de « garde-manger ». Les mollusques broutent littéralement les surfaces, tandis que les vers privilégient la matière organique partiellement décomposée. La grande taille atteinte par les macro-organismes d'Ediacara, qui contraste avec les dimensions microscopiques du monde unicellulaire qui les a précédés, s'expliquerait par un enrichissement conséquent de l'atmosphère en oxygène.

Le chemin de la diversité animale

Le monde animal d'Ediacara comporte uniquement des consommateurs de matière organique. Ceux-ci tirent parti des tapis microbiens largement distribués à la surface du globe, ou bien comme les éponges, ils filtrent les particules nutritives maintenues en suspension dans l'eau. À cette époque de la vie sur Terre, le monde des prédateurs est encore absent. La lutte pour la vie ne présente pas le caractère sauvage qu'elle connaîtra ultérieurement. La faune d'Ediacara, dont on a maintenant trouvé la trace en d'autres régions du globe, semble avoir abouti à un cul-de-sac évolutif : on ne peut la relier ni à des organismes modernes ni à des fossiles de la période qui va suivre, le Cambrien. Ces organismes archaïques ne vont donc pas survivre à l'explosion des formes de vie, qui survient il y

a 550 millions d'années environ et donne naissance à de nouvelles espèces, plus proches de celles que nous connaissons aujourd'hui.
Les paléontologues parlent d'« explosion cambrienne » parce qu'à ce moment particulier, il se passe quelque chose qui enclenche une nouvelle phase dans l'histoire de la vie terrestre. C'est à partir de ce moment-là en effet qu'apparaissent ce que l'on peut appeler les animaux. Ces premiers animaux possèdent des tissus et des organes, auxquels sont dévouées des tâches spécifiques, telles que la respiration, la nutrition, la sensorialité ou la contraction. L'organisation de ces animaux est bâtie sur une association des fonctions et une division du travail. La coordination de l'activité des tissus et des organes contribue au fonctionnement d'une entité commune, autonome, à savoir un organisme macroscopique. Désormais les êtres vivants sont capables de se déplacer et ils vont peu à peu explorer la planète.
Pour quelle raison, après une aussi longue période de vie microscopique et unicellulaire a soudain lieu cette apparition de si nombreux embranchements d'animaux pluricellulaires ? Il est encore difficile de reconstituer ce qui a pu se passer sur la Terre pour conduire à cette explosion cambrienne.

À RETENIR

- Les paléontologues ont longtemps considéré que les premiers organismes pluricellulaires étaient apparus il y a environ 700 millions d'années. Mais la découverte d'Abderrazak El Albani, dans une carrière de grès, près de Franceville au Gabon, fait remonter cette apparition à – 2,1 milliards d'années.

- Ces fossiles remettent en cause toute l'histoire de l'émergence de la vie telle qu'elle est enseignée jusqu'à présent. La pluricellularité est toutefois apparue plusieurs fois au cours de l'évolution, et par des mécanismes différents.

- La faune d'Ediacara en Australie, dont des équivalents ont depuis été mis au jour dans d'autres régions du monde, date d'environ 600 millions d'années. Elle comprend des organismes vivants pluricellulaires aux adaptations variées, qui vivent sur les fonds marins ou qui fouissent dans les sédiments.

- Cette découverte révèle la diversité et l'originalité du monde vivant à la fin du Précambrien, avant la radiation évolutive des animaux pourvus d'un squelette ou d'une carapace, lors du Cambrien.

- On considère aujourd'hui que la faune d'Ediacara a disparu à la limite Précambrien-Cambrien, il y a environ 540 millions d'années.

L'explosion du Cambrien

Depuis 600 millions d'années, les espèces vivant à l'intérieur des océans se sont considérablement diversifiées. Ces espèces jettent les bases de l'organisation structurale des animaux. Les mécanismes de l'évolution n'ont depuis créé aucune modification de grande ampleur.

Le géologue australien Reg Sprigg découvre en 1946 les empreintes d'organismes à corps mou sans squelette dans les grès précambriens (il y a environ 600 millions d'années) des collines d'Ediacara, en Australie du Sud. La faune d'Ediacara comprend des spécimens aux adaptations variées, qui vivent sur les fonds marins ou qui fouissent dans les sédiments. Ce sont des organismes au corps mou, longs de quelques centimètres.

Cette découverte révèle la diversité et l'originalité du monde vivant à la fin du Précambrien. Mais ce type de faune disparaît vraisemblablement à la limite Précambrien-Cambrien, c'est-à-dire il y a 542 millions d'années. S'ensuit alors la radiation évolutive des animaux pourvus d'un squelette ou d'une carapace, ce qui constitue un autre véritable tournant dans l'histoire des êtres vivants sur Terre.

Le secret des schistes de Burgess

Lors de l'ère primaire et du Cambrien, qui débutent il y a 542 millions d'années, brusquement le climat chaud élève le niveau des mers, l'atmosphère s'enrichit en oxygène et le nombre d'espèces vivantes pluricellulaires augmente lui aussi considérablement. Cela se traduit par l'avènement simultané des grands plans d'organisation du monde animal qui définissent les embranchements (ou phylums), présents dans la nature à l'heure actuelle. Il en est ainsi des mollusques, des brachiopodes, des échinodermes (oursins et étoiles de mer notamment), ou des arthropodes. Cette explosion des formes de vie pluricellulaires est révélée par la découverte de formes fossiles dans les schistes de Burgess au Canada en 1909 par Charles Walcott. Les schistes renferment la collection la plus spectaculaire de fossiles du Cambrien. Walcott retourne régulièrement sur le

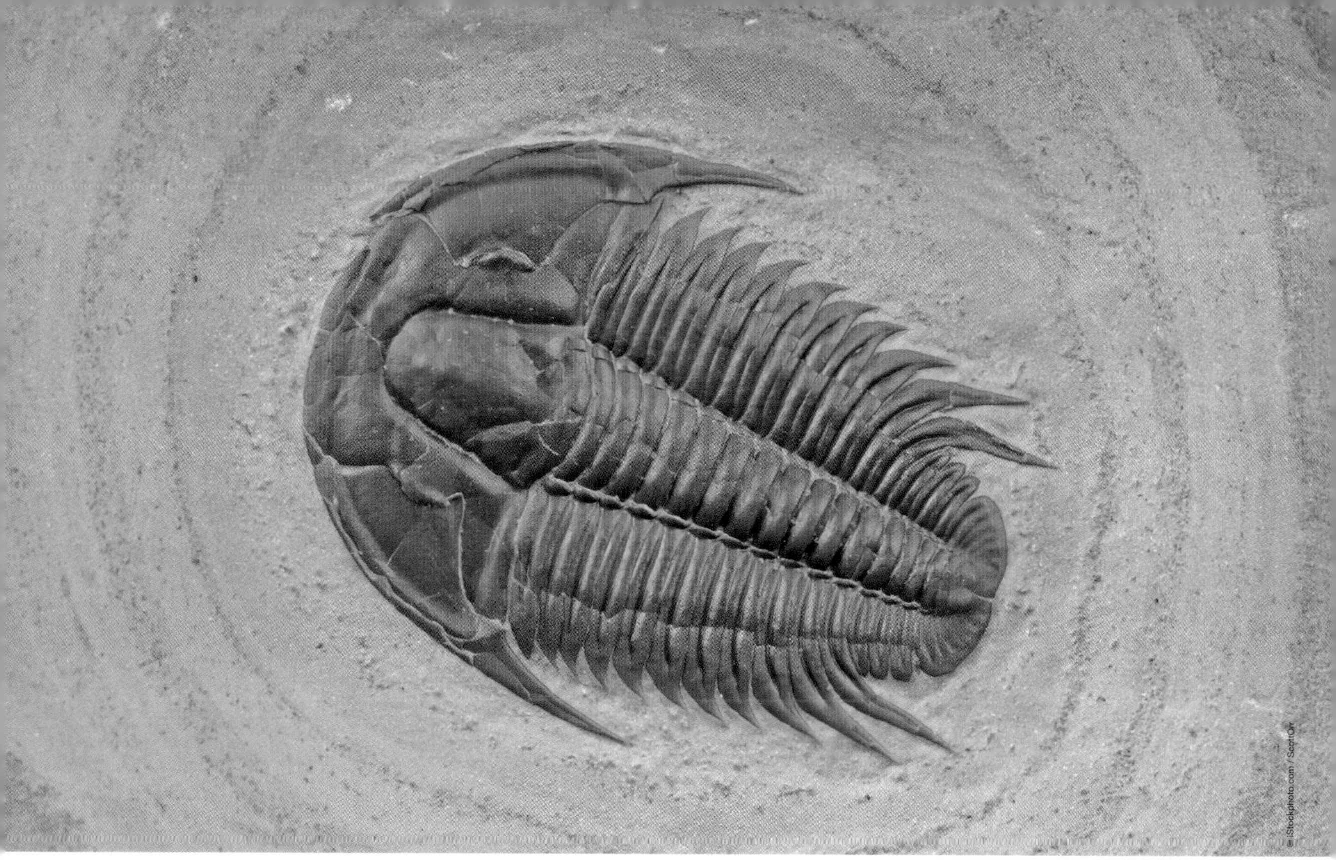

Les trilobites, grands arthropodes aquatiques, se déplacent sur les fonds marins.

site de Burgess jusqu'à sa mort en 1924. Au total, il excave plus de 65 000 spécimens de 120 espèces différentes. L'organisme le plus courant des schistes de Burgess, Marrella, est clairement un arthropode à corps mou, mais qui n'appartient à aucune des classes d'arthropodes connues aujourd'hui. Opabinia est le premier animal inhabituel à avoir été complètement décrit lors de la redécouverte des fossiles dans les années 1970. L'animal présente un corps segmenté et mou, sa tête comporte cinq yeux, en apparence tous fonctionnels, de même qu'une longue trompe flexible, totalement unique parmi la faune cambrienne. À l'extrémité de la trompe se trouvent des épines préhensiles, qui lui servaient probablement à attraper ses proies. Initialement classé parmi les arthropodes, Opabinia n'appartient à aucun embranchement connu. Cet organisme et bien d'autres, comme Wiwaxia ou Yohoia, ne ressemblent à aucun animal existant aujourd'hui.

L'explosion biologique

On trouve en grandes quantités, dans les roches du Burgess, parmi les plus célèbres des plus anciens animaux. Ce sont les trilobites, grands arthropodes marins, semblables à des crustacés et dotés de nombreuses pattes, grâce auxquelles ils se déplacent sur les fonds des océans. Ces trilobites apparaissent au Cambrien et prospèrent pendant le Silurien et le Dévonien, avec une multiplication du nombre des espèces. Ensuite leur déclin s'amorce, débouchant à l'aube du Permien (– 295 millions d'années) sur l'extinction des dernières espèces. L'étude des trilobites fossiles a permis d'établir entre autres que certaines familles présentent des yeux composés, comme ceux des insectes actuels, que d'autres se cachaient sous le sable des fonds marins, comme les soles actuelles, et que d'autres enfin se défendaient en se roulant en boule comme les cloportes actuels. Leur présence dans les océans est très longue, plus de 300 millions d'années, ce qui témoigne clairement de l'extraordinaire succès de leur classe désormais disparue, et surtout du phylum des arthropodes, toujours existant et dont ils faisaient partie.

Ce n'est donc qu'au début du Paléozoïque, voilà 540 millions d'années, que la vie sur la planète Terre explose en un grand nombre de nouvelles formes pluricellulaires. Tous les embranchements animaux qui ont laissé des fossiles sont apparus au cours des 40 millions d'années du Cambrien. À ce moment précis, il se passe quelque chose qui débouche sur une nouvelle phase dans l'histoire de la vie terrestre. Cette apparition simultanée des différents embranchements est un événement remarquable que les paléontologues ont baptisé « explosion cambrienne ». Le début du Cambrien semble avoir été un épisode de radiation évolutive spectaculaire. Charles Darwin considère d'ailleurs ce fait comme l'un des principaux obstacles à sa théorie de la sélection naturelle. Ces animaux semblent en effet sortir de nulle part et il consacre à ce problème un chapitre entier de son ouvrage *L'Origine des espèces*. Tous les organismes vivants d'aujourd'hui ont conservé la structure de base apparue au Cambrien.

Les premiers squelettes externes et internes

La vie animale du Cambrien a été extraordinairement variée, mais inégalement fossilisée. Les coquilles dures se fossilisent mieux que les corps mous, c'est pourquoi les roches de cette époque sont riches en fossiles coquilliers. La radiation cambrienne du monde animal s'accompagne d'une aptitude nouvelle : celle de capter dans le milieu extérieur des éléments chimiques

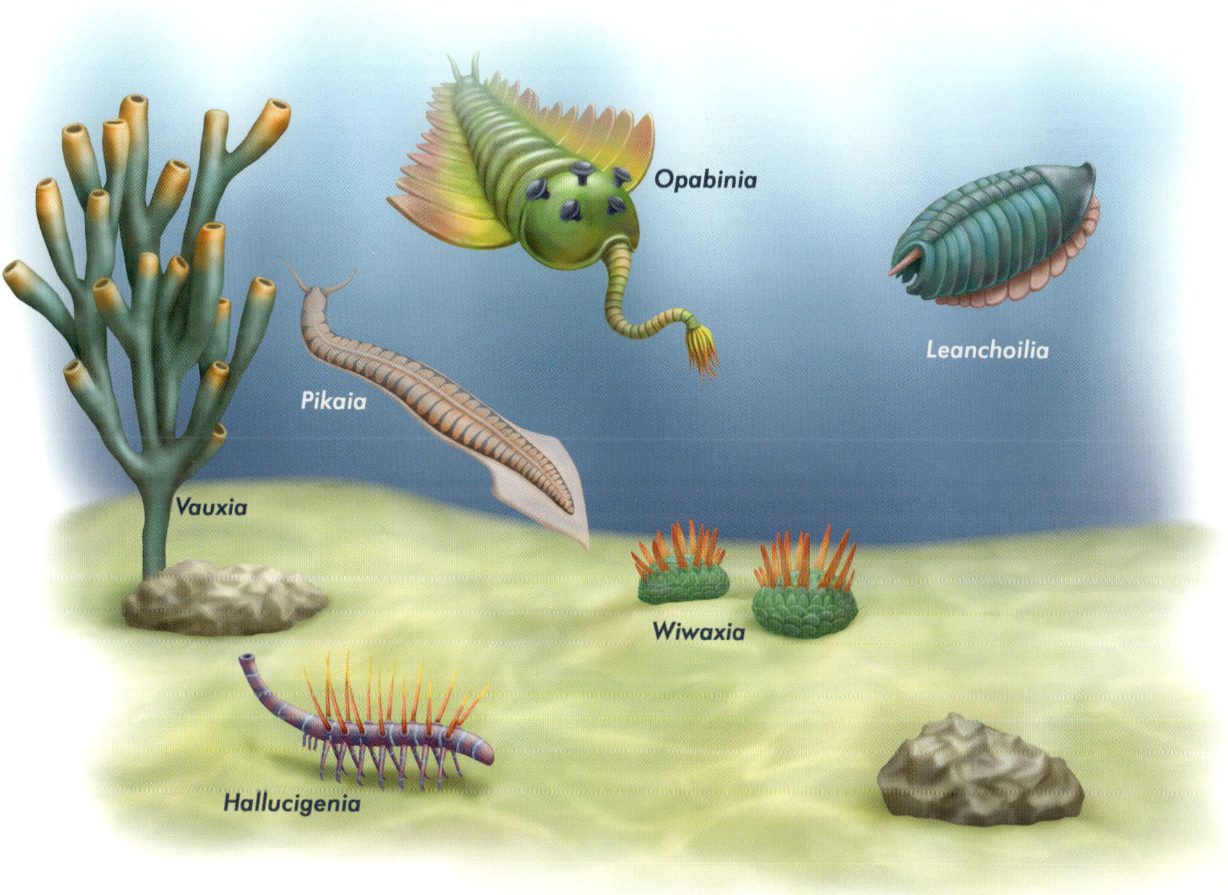

La faune de Burgess se compose 140 espèces et 119 genres, avec une grande partie d'arthropodes.

pour l'élaboration de squelettes minéralisés, c'est-à-dire de structures dures de soutien ou de protection. Les mollusques et les échinodermes fabriquent des coquilles ou des carapaces en carbonate de calcium. Certaines éponges confectionnent des squelettes en silice. Le phosphore est fixé dans les coquilles de certains brachiopodes et dans les os des vertébrés. Les squelettes minéralisés constituent un support pour les organes et pour les tissus mous des animaux. Les coquilles et les carapaces leur assurent une protection contre les prédateurs. Effectivement, dès le Cambrien, les traces de prédation sont apparentes chez certains fossiles. Mais la nature de leurs auteurs présumés n'est pas encore clairement établie. Au cours de l'ère primaire, les océans se peuplent progressivement de prédateurs gigantesques. On les retrouve parmi les mollusques céphalopodes, les arthropodes et les poissons. Les coquilles coniques des *Orthoceras* peuvent mesurer plusieurs mètres de longueur. Pendant près de 300 millions d'années, ces mollusques sont les prédateurs des crustacés et des petits poissons. La taille des gigantostracés, arthropodes proches des limules, peut atteindre les deux mètres. Les dimensions de certains poissons cuirassés, dont la partie antérieure du corps est protégée par un bouclier de plaques osseuses, approchent celles des requins actuels. Avec le temps, les proies vont développer des coquilles et des carapaces qui les protègent mieux de l'agression des animaux carnivores. Ceux-ci, à leur tour, vont perfectionner leurs organes de capture et leurs stratégies de chasse. Il en résulte une véritable surenchère entre prédateurs et proies. Une compétition qui est l'un des moteurs de l'évolution biologique.

Ainsi apparaissent, pendant le Cambrien, en même temps que de nombreux phylums d'animaux disparus, les deux phylums les plus importants du point de vue humain, les arthropodes et les chordés (dont les vertébrés représentent un subphylum). L'importance des chordés pour nous réside dans notre appartenance à ce phylum et dans les modifications notables que notre espèce a apportées, volontairement ou pas, à la surface terrestre et aux communautés vivantes. L'importance des arthropodes réside dans leur grand succès en termes de nombre d'espèces.

Les ancêtres de tous les animaux modernes

En résumé, à l'orée de l'ère primaire, les étendues d'eau, océans, mers et lacs, se peuplent d'un monde animal foisonnant dont la diversité est sans commune mesure avec les événements antérieurs. À l'échelle des temps géologiques, l'événement revêt un caractère quasi instantané, estimé à une dizaine de millions d'années. Sans doute la divergence entre les embranchements animaux s'est-elle produite longtemps auparavant, durant les temps précambriens. Mais jusqu'à ce jour, la documentation paléontologique n'est pas totalement venue conforter cette présomption. Les répercussions de la radiation cambrienne sur le déroulement de l'histoire de la vie s'avèrent capitales. Les organisations corporelles qui se développent alors sont déjà les ébauches des formes actuelles et peu de nouveaux plans structuraux sont apparus depuis. Les grands groupes, les embranchements qui animent la nature moderne, y sont déjà représentés. Ce sont les mollusques à coquille et à tentacules qui ont évolué jusqu'à nos palourdes et bigorneaux, et des arthropodes aux pattes articulées qui ont donné les crabes, les crevettes et les homards. Les étoiles de mer, les oursins, les coraux et les éponges sont également apparus à cette époque. Les 500 millions d'années qui suivent cette période n'ont vu naître aucun embranchement, seulement des variantes sur les modèles de base déjà établis. Certains types d'animaux n'auront à l'opposé qu'une durée de vie très courte et disparaîtront rapidement.

Un tissu complexe de relations de coopération, de dépendance et de compétition se met en place entre les différentes espèces animales. Néanmoins, malgré une évolution qui a incontestablement connu une accélération importante à cette période, l'essor des animaux se limite au domaine aquatique. Les continents sont encore inaccessibles.

À RETENIR

- Jusqu'au début du Cambrien, les seuls métazoaires connus sont représentés dans les faunes marines d'Ediacara (il y a environ 600 millions d'années) par des organismes au corps mou de quelques centimètres.

- Dans les niveaux de base du Cambrien (il y a 540 millions d'années) se trouvent les premiers mollusques, brachiopodes et gastéropodes, alors que les plus anciens arthropodes (trilobites) apparaissent il a environ 530 millions d'années, en même temps que les échinodermes.

- La radiation cambrienne du monde animal s'accompagne d'une aptitude nouvelle, celle d'utiliser les éléments chimiques du milieu extérieur pour l'élaboration de squelettes minéralisés, c'est-à-dire de structures dures de soutien ou de protection. C'est la naissance des exosquelettes, ou squelettes externes, et plus tard des squelettes internes.

- Vers – 500 millions d'années, tous les embranchements actuels sont présents, même si les animaux du Cambrien sont cantonnés dans le milieu aquatique. Mais on note aussi que plusieurs types d'animaux n'auront qu'une durée de vie très courte et disparaîtront rapidement.

Le déploiement des végétaux

Les végétaux sont les premiers organismes pluricellulaires vivants à s'installer sur les continents. Leur développement sur le globe a énormément modifié les conditions de vie terrestres et a permis la sortie des eaux de nombreuses espèces animales.

Lorsqu'on contemple la nature, force est de constater que le vert est prédominant. La végétation est partout, sous presque toutes les latitudes et dans la quasi totalité des environnements. La situation n'a toutefois pas toujours été telle. En effet, pendant les trois premiers milliards d'années qui ont suivi la formation de la planète, les terres émergées sont restées des déserts de roches. C'est dans cet environnement peu propice à la vie que les premières plantes terrestres vont évoluer.

Quand les algues sont sorties de l'eau

Le verdissement de la Terre est un processus long et complexe, résultat de plusieurs millions d'années d'évolution, c'est aussi l'une des étapes qui a permis aux animaux de coloniser les terres émergées. Tout comme les poissons ont mis des millions d'années pour sortir de l'eau, les algues vertes, ancêtres des plantes terrestres, n'ont évidemment pas quitté la mer du jour au lendemain. À quelle période cette évolution déterminante a-t-elle eu lieu ?

Certaines algues vertes pluricellulaires, ayant échoué par hasard sur les côtes, à cause des courants, ont sans doute survécu dans des milieux qui n'étaient pas complètement submergés, et ont commencé à occuper la terre ferme. Il s'agit surtout d'algues pourvues de structures permettant d'éviter le dessèchement. Occuper la terre ferme comporte plusieurs avantages, par exemple la possibilité de se disséminer plus facilement, car dans ces nouveaux milieux, pas encore colonisés, il n'existe aucune forme de concurrence. En dépit du danger de dessèchement, l'émersion permet d'absorber plus facilement le gaz carbonique et de jouir d'un meilleur éclairage, car ces organismes ont à leur disposition une lumière directe et non

Les premières plantes à avoir colonisé la terre ferme sont proches des mousses actuelles.

plus filtrée par l'eau. Il est attesté que les premières formes de vie végétale sur la terre ferme datent d'au moins 460 millions d'années. Il s'agit de plantes très simples, proches de certaines algues, encore très dépendantes du milieu aquatique. Elles ne possèdent pas de racines capables d'aller puiser l'eau dans le sol, et leurs cellules sexuelles mâles possèdent des flagelles, car elles ont encore besoin d'eau pour se déplacer et aller à la rencontre des cellules sexuelles femelles. On les appelle les bryophytes, qui peuvent être comparées aux mousses actuelles. Elles ont laissé des traces très discrètes, mais incontestables, de leur présence sur terre dès l'Ordovicien (une période qui s'étend entre – 488 et – 444 millions d'années). Il s'agit des cryptospores, les cellules qui auraient permis la dispersion des plantes primitives et qui se fossilisent facilement. Elles ne sont pas plus grandes que le diamètre d'un cheveu, quelques dizaines de microns à peine. La vie en milieu aérien présente néanmoins des contraintes mécaniques et physiologiques. Dans l'eau il est facile pour les végétaux d'adopter un port dressé. En revanche, sur la terre ferme, il en est autrement. Dans un premier temps, c'est le duo cellulose et turgescence qui a permis aux plantes de se tenir dressées. La vie sur les continents est aussi conditionnée par une atmosphère desséchante et un bombardement nocif de rayons ultraviolets. Chez les végétaux, la colonisation de la niche continentale a été rendue possible par le développement et la sélection de parades à toutes ces difficultés.

Les premières plantes terrestres dressées

La course des plantes vers le soleil, vers la lumière, pour en capter l'énergie, n'a commencé que plus tard, lorsque les plantes ont été capables de se fabriquer une colonne vertébrale, c'est-à-dire une tige dressée, au travers de laquelle peuvent circuler de l'eau et des nutriments, depuis le sol vers le reste de l'organisme. Plus hautes que les bryophytes, les premières trachéophytes (ou plantes vasculaires) ne mesurent tout de même pas plus de quelques centimètres. Elles peuvent se disséminer (grâce aux spores, puis dès le Carbonifère grâce aux grains de pollen) à plus grande distance et assurer ainsi leur dispersion et leur reproduction. Les plus anciennes traces incontestables de la présence de ces plantes vasculaires sur Terre remontent à environ 420 millions d'années. L'une des premières plantes répertoriées s'appelle Cooksonia. Elle poussait sans doute sur les bords sableux d'étendue d'eau et mesurait à peine cinq centimètres. Elle possédait une structure dressée, chaque tige se terminant par une petite coupe (le sporange) remplie de spores. L'ensemble de la plante était protégé de la dessiccation et des rayons ultraviolets mutagènes par une couche imperméable appelée cuticule. La présence de stomates permettait des échanges gazeux avec l'atmosphère. Malgré sa petite taille et sa simplicité apparente, le végétal Cooksonia marque l'aboutissement d'une série impressionnante d'adaptations évolutives, et il est très différent des organismes marins qui l'ont précédé.

L'apparition de ces premières plantes vasculaires est une étape très importante de l'histoire du vivant. En quelques millions d'années, les déserts se couvrent d'un sol rudimentaire où peuvent s'épanouir de minuscules animaux comme les acariens ou les arachnides. Au-delà de leur importance biologique, les premiers assemblages de plantes terrestres dominés par Cooksonia entraînent un processus de modification profonde des environnements continentaux. L'influence de

Il y a 360 millions d'années, la végétation a beaucoup évolué et les premières forêts apparaissent.

ces végétaux est cruciale : leur présence ralentit l'érosion et permet l'accumulation de sédiments et la formation d'ébauches de sols. Cooksonia disparaît rapidement dès le début du Dévonien (– 410 millions d'années). Le végétal est remplacé par des assemblages plus grands et plus robustes, les zostérophyllopsides. Ce sont de petites plantes de quelques décimètres de haut, faiblement enracinées et donc encore dépendantes d'un taux élevé d'humidité. À la fin du Dévonien inférieur, elles sont remplacées par deux nouveaux groupes : les lycophytes et les euphyllophytes, ensemble de plantes vasculaires encore largement représentées de nos jours.

Les premières forêts sur Terre

Vers la fin de la période dévonienne (– 365 millions d'années), la végétation a beaucoup évolué et s'apparente à celle des forêts actuelles avec leurs successions de strates herbacées, d'arbustes et d'arbres. Parmi ces derniers, le genre *Archaeopteris* dépasse vingt mètres de hauteur. Désormais la physionomie des paysages continentaux évoque celle des temps modernes. Cependant les espèces végétales diffèrent encore notablement des plantes actuelles. Les grands absents sont les plantes à fleurs qui apparaîtront plus tardivement.

Au Dévonien, grâce au développement du couvert végétal, tous les continents deviennent habitables. En colonisant les terres émergées mètre par mètre, les plantes les ont profondément modifiées. Au fil de leurs innovations évolutives, elles ont marqué la planète de leur empreinte. C'est l'ensemble de ces modifications qui a permis aux animaux d'y habiter. Les plantes ont fait plus que transformer les écosystèmes terrestres, elles les ont créés.

La diversité du couvert végétal s'accroît encore au cours de la deuxième moitié de l'ère primaire. Sur une grande partie du globe, en particulier dans les régions tropicales, un climat chaud et humide entretient une végétation luxuriante, dont les troncs atteignent vingt à trente mètres de hauteur, et dont les débris ont conduit à la formation des plus importants gisements de charbon de la planète. Cette particularité a valu à la période géologique correspondante d'être qualifiée de « carbonifère ». L'expansion de la flore aérienne a en effet entraîné l'accumulation d'une masse considérable de restes végétaux, c'est-à-dire de matière organique. Par suite des mouvements de l'écorce terrestre, celle-ci est progressivement enfouie dans les profondeurs de la croûte terrestre et soumise à des températures et des pressions croissantes qui ont conduit à la formation du charbon.

Les premières graines

Le couvert végétal joue également un rôle climatique. Il intercepte le rayonnement ultraviolet et atténue les écarts de température et d'humidité, créant dans son voisinage autant de microclimats qui sont profitables à une intense activité biologique. Un monde de bactéries et d'insectes contribue à la dégradation et au recyclage de la matière organique. L'érosion est moindre, le trajet des cours d'eau se stabilise. Les climats sont également affectés, la végétation ponctionne du dioxyde de carbone présent dans l'atmosphère et induit une baisse des températures. Au cours du Carbonifère s'épanouissent les premières plantes à graines, en l'occurrence les conifères. La graine est un organe de dispersion de la plante qui présente un avantage certain sur les spores des fougères et des lycophytes. Elle peut séjourner longtemps dans le sol à l'état de vie ralentie, dans l'attente du retour de conditions favorables à sa germination. La graine apporte une réponse originale au défi que doit affronter tout organisme terrestre, à savoir la quête de l'eau. Avec la graine, la végétation se dote d'un atout supplémentaire pour se perpétuer et pour affronter des conditions climatiques plus rudes. En outre, elle peut être transportée et disséminée sur de grandes distances par l'intermédiaire d'une foule d'animaux. Tout laisse à penser que les plantes ont évolué en se servant du monde animal pour compenser leur absence de mobilité.

À RETENIR

- Les premières plantes à avoir colonisé la terre ferme sont apparues il y a environ 460 millions d'années. Elles sont représentées au tout début par des formes proches des mousses actuelles.

- La première plante vasculaire connue est appelée Cooksonia. Elle est essentiellement constituée d'un faisceau de tiges droites mais fourchues au sommet. Cooksonia une plante vasculaire où circulent l'eau et les nutriments nécessaires à son développement, avec un port dressé.

- En quelques millions d'années, les déserts se couvrent d'un sol rudimentaire où peuvent s'épanouir de minuscules animaux comme les acariens ou les arachnides.

- Les zostérophyllopsides, puis les lycophytes et les euphyllophytes, ensembles de plantes vasculaires très représentées de nos jours, vont peu à peu se développer sur les continents. Au Carbonifère (– 360 millions d'années) les premières forêts apparaissent.

- Bactéries et insectes contribuent à la dégradation et au recyclage de la matière organique, et donc au maintien des sols. Les climats sont également affectés, la végétation ponctionne du dioxyde de carbone présent dans l'atmosphère et induit une baisse des températures.

La sortie des eaux

Les premiers végétaux à avoir colonisé les terres émergées sont suivis par une faune, d'abord discrète. Les arthropodes, animaux invertébrés, seront les premiers animaux à conquérir les continents, suivis de près par les vertébrés, dont l'anatomie va évoluer pour s'imposer sur la terre ferme.

La présence d'arthropodes réellement terrestres dès la période de l'Ordovicien (entre – 500 et – 435 millions d'années) reste très débattue dans le monde scientifique. Des pistes de locomotion attribuées à des arthropodes terrestres, découvertes dans l'Ontario aux États-Unis et datant de cette période, laissent penser que certains animaux se sont adaptés précocement à la vie sur les terres émergées. Au Silurien (entre – 435 et – 410 millions d'années), le fait est avéré.

Cependant, à l'opposé de l'extrême diversité déployée par le monde animal aquatique, seul un nombre limité de groupes zoologiques réussit à coloniser durablement la terre ferme. Parmi eux, les plus importants sont les arthropodes (insectes, araignées, mille-pattes...), certains mollusques (escargots, limaces...) et enfin le subphylum des chordés, les vertébrés.

Les arthropodes, les premiers sur Terre

Pour quitter leur berceau aquatique, les animaux doivent s'adapter aux mêmes contraintes environnementales que les végétaux. On a la preuve de l'existence d'un nombre important de petits arthropodes terrestres qui à la fin du Silurien ont suivi de près la conquête des continents par les plantes. On connaît de cette époque l'existence de mille-pattes, d'araignées, d'acariens et de collemboles (arthropodes de quelques millimètres) qui peuplent les tapis végétaux constitués de mousses et de trachéophytes primitives (plantes avec des vaisseaux conducteurs). Il leur faut notamment se protéger contre la déshydratation et assurer des échanges gazeux avec l'atmosphère. Parmi les candidats à la colonisation des terres émergées, les arthropodes possèdent un avantage sur les autres groupes d'animaux, leurs pattes articulées,

© Lenivitz Production/Irina Sarnavska

Grâce à leur morphologie, les premiers animaux adaptés à la vie terrestre sont les arthopodes.

déjà utilisées au fond des océans, sont bien adaptées à la locomotion sur la terre ferme. En outre, la cuticule de chitine qui recouvre l'intégralité de leur corps constitue un écran imperméable qui les protège des agressions de l'air sec et oxydant. Par leur activité, ces petits arthropodes participent au recyclage de la matière organique et à la formation des premiers sols. D'autres innovations ont été nécessaires à la survie sur les continents, c'est bien évidemment le cas de la respiration. Dans un environnement aquatique, elle est jusqu'alors prise en charge par les branchies. À l'air libre, de nouveaux organes s'y sont substitués, les poumons chez les araignées et les scorpions, et les trachées chez les insectes. Les poumons des premiers sont constitués d'un empilement de feuillets vascularisés, et dérivent vraisemblablement des lamelles branchiales d'ancêtres aquatiques. En revanche, les trachées des insectes représentent une solution originale pour la respiration aérienne. Elles consistent en un réseau de fins conduits qui acheminent l'oxygène ambiant vers les cellules et l'extrémité des organes. Ce système de respiration trachéale n'est néanmoins pas très performant si on le compare à la respiration pulmonaire. C'est sans doute la raison pour laquelle la taille des insectes est restée modeste tout au long de l'évolution. En effet, plus l'insecte est grand, plus il a besoin d'oxygène, or le système des trachées présente des limites : il n'a pas de pompe efficace, comme c'est le cas dans la respiration pulmonée, actionnée par les muscles thoraciques et par le diaphragme.

La respiration pulmonée

Au cours de l'ère primaire, deux autres catégories d'animaux se sont adaptées à la vie à l'air libre. Au Dévonien (– 410 millions d'années), c'est au tour des mollusques d'explorer la terre ferme. Ils appartiennent aux groupes des gastéropodes pulmonés, dont font partie les escargots. Leur corps est protégé par une coquille calcaire, au creux de laquelle l'animal peut se retirer pour se mettre à l'abri d'un prédateur ou d'un air trop sec. La respiration aérienne s'effectue par un poumon, qui se présente sous l'aspect d'une expansion du corps richement vascularisée. L'existence des vers est attestée avec certitude à partir du Carbonifère (– 360 millions d'années). Les vers du groupe des annélides sont représentés aujourd'hui dans la nature par les lombrics. Ils ont une vie souterraine, dans les milieux où se maintient une certaine humidité. Au Carbonifère apparaissent également les premiers insectes ailés. Deux paires d'ailes s'insèrent sur le deuxième et troisième segments du thorax. En outre, une troisième paire existe parfois sur le premier segment. Cette colonisation de la terre par les arthropodes a déterminé la venue d'autres espèces. Tant que les premiers n'avaient pas colonisé les milieux terrestres, les amphibiens, leurs prédateurs, n'avaient pas de raison valable d'aller explorer ces espaces. Mais depuis leur arrivée sur la terre ferme, ils font des proies intéressantes.

Les premiers vertébrés terrestres

Pour les vertébrés, le passage de l'eau à la terre ne fut pas aussi facile. Durant toute la première moitié de l'ère primaire, les vertébrés sont représentés par un monde diversifié de poissons, notamment des spécimens pourvus d'un lourd revêtement de plaques osseuses. Pour des vertébrés initialement adaptés à la vie aquatique, la conquête des milieux terrestres et la nécessité de se déplacer sur la terre ferme impliquent des reconversions radicales de l'anatomie et de la physiologie. L'adaptation à la vie terrestre s'est

Ichthyostega et *Acanthostega* sont parmi les premiers vertébrés à se rapprocher de la terre ferme.

trouvée facilitée par des organes et des structures déjà présents chez les vertébrés aquatiques. Ainsi en est-il de la respiration pulmonaire. Les ancêtres présumés des vertébrés terrestres se trouvent peut-être parmi un groupe singulier de poissons, les dipneustes. Leur originalité est qu'ils possèdent une double respiration, branchiale et pulmonaire. Une particularité qui leur confère un avantage certain pour survivre sur les terres émergées. Les paléontologues confirment que les dipneustes existent au Dévonien, une période charnière de la conquête des continents.

A priori, tout paraît éloigner la structure des nageoires des poissons de celles des membres des vertébrés tétrapodes. Plusieurs vertébrés font néanmoins de bons candidats pour être les premiers à s'être affranchis partiellement ou totalement des eaux. Le tiktaalik ou « grand poisson des basses eaux » est un poisson osseux de la classe des sarcoptérygiens qui a vécu il y a environ 375 millions d'années. À côté des attributs primitifs des poissons osseux, les robustes nageoires pectorales de tiktaalik sont proches des membres des tétrapodes, car elles sont rigidifiées par un squelette osseux articulé, ce qui lui permet de déplacer son corps dans les lagunes. Ces caractéristiques anatomiques en font un des plus anciens parents connus des tétrapodes.

Autre vertébré trouvé dans le Dévonien supérieur, daté d'environ 360 millions d'années : le genre *Acanthostega*. Il est considéré comme un chaînon reliant le monde des poissons à celui des vertébrés tétrapodes. Il a une double respiration, pulmonaire et branchiale, mais doit cependant passer son temps essentiellement dans l'eau. D'après les découvertes fossiles, il n'a pas les côtes suffisamment développées ni les membres assez robustes pour supporter le poids de son corps hors de l'eau.

La conquête durable des continents

Plus tard au cours de l'histoire de la vie, les pattes des vertébrés se sont dotées de chevilles articulées et leur cage thoracique s'est renforcée, pour leur permettre de s'aventurer plus avant sur la terre ferme. Au début il s'agit surtout de se déplacer d'un étang à l'autre en cas de sécheresse locale, de se hasarder à explorer les milieux terrestres immédiatement voisins des étangs et d'y rechercher une nourriture abondante et variée. Telle est l'origine des batraciens, dont le plus ancien représentant *Ichthyostega* mène une vie amphibie. La robustesse de ses membres antérieurs atteste que l'animal se déplace de temps à autre sur la terre ferme. Il présente une puissante cage thoracique qui lui permet d'affronter la pesanteur.

D'après les fossiles retrouvés et datés du début à la fin du Carbonifère, les amphibiens sont les vertébrés dominants en dehors des milieux strictement aquatiques. Aujourd'hui encore, la plus grande partie des amphibiens est restée dépendante de l'eau pour la reproduction et des milieux humides pour la possibilité même de survivre. Les œufs des amphibiens ne sont pas imperméables et doivent être déposés dans un milieu aqueux ou maintenus humides par différents moyens. Par ailleurs, leur développement à l'état larvaire doit se poursuivre dans les nappes d'eau. Les balbutiements de l'installation des vertébrés sur la terre ferme constituent une étape capitale de l'histoire de la vie, et indirectement de l'histoire de l'homme. Tous les vertébrés tétrapodes, créatures terrestres pourvues de quatre membres, ont pour ancêtres communs les batraciens du Dévonien. La succession des étapes qui a conduit des poissons aux batraciens délivre une leçon étonnante. Les innovations anatomiques et physiologiques ayant permis aux animaux de coloniser les terres émergées, les poumons ou les pattes, se sont déjà préparées dans le milieu aquatique. On peut affirmer que la nature favorise les organismes qui d'emblée possèdent des organes ou des structures les prédisposant à adopter un mode de vie nouveau ou à occuper de nouveaux habitats. Très vite à partir du Carbonifère, un nouveau groupe de vertébrés va s'épanouir, les reptiles.

À RETENIR

- Une fois les terres émergées colonisées par les plantes terrestres, hautes de quelques dizaines de centimètres, certains animaux sont sortis de l'eau pour profiter de ce nouvel environnement.

- On a la preuve de l'existence, à la fin du Silurien, d'un nombre important de petits arthropodes terrestres qui ont suivi de près la conquête des continents par les plantes.

- À l'air libre, de nouveaux organes sont progressivement apparus, c'est le cas des poumons chez les araignées et les scorpions, et des trachées chez les insectes.

- L'arrivée sur la terre ferme de nombreuses espèces d'arthropodes va conditionner la sortie des eaux d'espèces plus grandes, les premiers vertébrés terrestres, qui s'alimentent justement de petits arthropodes.

- Le tiktaalik est l'un des plus anciens parents connus des tétrapodes. *Acanthostega* puis *Ichthyostega* vont progressivement s'affranchir du milieu aquatique, bien que leur mode de vie, et notamment la reproduction, soit encore très dépendant de l'eau.

- Tous les vertébrés tétrapodes, créatures terrestres pourvues de quatre membres, ont pour ancêtres communs les batraciens du Dévonien.

La radiation des reptiles

La sortie des eaux, par les végétaux d'abord, puis par les animaux, marque une étape décisive de l'histoire de la vie sur Terre. L'intégralité de la surface du globe terrestre, les étendues d'eau tout comme les terres émergées, est colonisée d'organismes vivants, la biosphère.

Au fil des temps géologiques, la biosphère s'enrichit d'une diversité étonnante, aussi bien animale que végétale. Au Carbonifère (– 360-295 millions d'années), les amphibiens se répandent de plus en plus, y compris avec des tailles de grande ampleur, semblables, à première vue, à des crocodiles râblés. Dans le même temps, les terres émergées se couvrent de luxuriantes forêts de fougères arborescentes.

L'apparition de l'œuf

Le pas suivant pour les vertébrés est celui de l'adaptation complète à la vie terrestre. Il est franchi vers la fin du Carbonifère avec la mise au point de l'œuf imperméable et autonome, qui peut être déposé en milieu terrestre. Les zoologues le définissent comme l'œuf cléidoïque. Il est protégé de l'évaporation et des chocs par une coquille semi-perméable et plus ou moins rigide. Sa rigidité lui est fournie soit par des protéines fibreuses soit par des minéraux. Cet œuf possède en outre des membranes amniotiques délimitant des sacs remplis de liquides qui protègent l'embryon (amnios) lequel peut ainsi se développer à l'abri. Les sacs lui fournissent de la nourriture et stockent ses déchets sous forme d'acide urique. Les membranes permettent de ne pas polluer l'ensemble de l'œuf, qui constitue le milieu de l'animal pendant toute la durée de son développement embryonnaire. À sa sortie, le nouveau-né est une réplique miniature de l'adulte.

La mise au point de l'œuf cléidoïque n'est au début qu'un des nombreux moyens par lesquels les amphibiens essayent de s'affranchir du milieu aquatique. C'est un réel succès pour l'évolution des formes de vie terrestre, qui est le point de départ d'une des plus grandes radiations adaptatives, assurément la plus importante, pour

Les reptiles sont les premiers vertébrés à se libérer définitivement du milieu aquatique.

nous êtres humains, qui sommes les descendants directs de ces premiers animaux pleinement terrestres. Avec l'apparition de l'œuf cléidoïque, c'est l'avènement d'un nouveau groupe d'êtres vivants sur Terre, les reptiles. Contrairement aux batraciens, qui sont encore tributaires du milieu aquatique, les reptiles vont se libérer définitivement de cette servitude. Les écailles protègent leur corps de la déshydratation et l'embryon poursuit son développement à l'abri d'une coquille. De ces reptiles divergeront plus tard deux autres groupes d'animaux d'apparence très différents des reptiles, parce qu'ils n'ont quasiment plus d'écailles, mais des poils ou des plumes, et parce qu'ils sont homéothermes (à température corporelle constante) et dotés de caractéristiques squelettiques très différentes : les mammifères et les oiseaux.

Les premiers reptiles

Les premiers reptiles vivent donc au Carbonifère tardif, il y a un peu plus de 300 millions d'années. Ils sont appelés les cotylosaures. Ce sont des animaux encore malhabiles, dotés de pattes qui ne les soutiennent pas mais qui leur permettent de ramper sur le sol. De ces premiers reptiles dérivent à la période suivante, le Permien, plusieurs lignées indépendantes qui sont classifiées selon la structure de leur crâne. On distingue dans un premier temps les anapsides. Les seuls représentants de ce groupe à notre époque sont les tortues, qui peuvent être soit terrestres, soit marines. Le deuxième groupe, les synapsides, qui donnent lieu aux mammifères. Figurent ensuite les diapsides, qui donnent lieu à de nombreux autres reptiles mésozoïques, à tous les reptiles modernes, ainsi qu'aux oiseaux. Enfin les parapsides précèdent les plésiosaures et les ichtyosaures et s'éteignent à la fin de l'ère secondaire.

Après cette première séparation en quatre branches, une autre intervient environ 20 millions d'années plus tard. Les diapsides se divisent en deux branches, les lépidosauriens, qui incluent aujourd'hui tuataras, lézards et serpents, et les archosauriens, qui incluent aujourd'hui crocodiles et oiseaux, ainsi qu'un grand nombre de groupes disparus, les ptérosaures, et les dinosaures. Fait notable, les crocodiles sont donc plus proches parents des oiseaux qu'ils ne sont des lézards, et les tortues sont presque aussi éloignées de tous les autres reptiles et des oiseaux que les mammifères. Au cours de l'évolution, certains groupes conservent, sur de très longues périodes, des formes et des fonctions semblables à celles de leurs ancêtres tout en étant désormais très éloignés d'eux, tandis que d'autres groupes participent à des aventures profondément novatrices.

Mais la vie va se trouver profondément bouleversée par la crise du Permien. Pendant le Carbonifère, des climats chauds et humides prévalent dans les régions tropicales. Ils se trouvent à l'origine de l'exubérante biodiversité des forêts houillères. Au cours de la période suivante, au Permien, les conditions climatiques se modifient considérablement.

La crise Permien-Trias

À l'issue de leur lente dérive, les continents se sont rassemblés et soudés en un immense continent, la Pangée. Des climats arides se mettent en place. Les paysages évoluent en déserts. Vers la fin du Permien, pendant une dizaine de millions d'années, la situation se dégrade considérablement. Une intense activité volcanique se manifeste en Chine, puis en Sibérie. Des gaz à effet de serre sont rejetés. On estime qu'à la fin du Permien, les teneurs en dioxyde de carbone dans l'atmosphère sont trois fois supérieures à celles de nos jours. Il s'ensuit

L'archosaure *Postosuchus* est un prédateur du début du Trias, proche parent du crocodile.

une élévation globale de la température, qui provoque le dégel des régions polaires. Des quantités considérables de méthane, jusque-là prisonnières des glaces, sont libérées à leur tour dans l'atmosphère. Le rejet massif des deux gaz contribue à accroître de 6 à 8 degrés la température moyenne de la Terre.
La généralisation de climats chauds et secs a des conséquences dramatiques pour la vie à la fois sur les terres émergées et dans les océans. Au cœur de la Pangée, les climats deviennent contrastés, affichant des écarts journaliers de température très importants. En raison de la sécheresse et du réchauffement excessif, la végétation devient clairsemée. Les animaux herbivores dépérissent, et par conséquent, les carnivores qui s'en nourrissent dépérissent également. Le monde animal est d'autant plus affecté qu'il se trouve confronté à des teneurs en oxygène atmosphérique anormalement basses, inférieures aux valeurs actuelles. À la fin du Permien, il y a un peu plus de 250 millions d'années, la recrudescence de l'activité volcanique vient encore ébranler la vie sur Terre. Des extinctions massives se produisent. C'est la plus grande extinction d'espèces vivantes dans l'histoire de l'évolution de la vie sur Terre. S'il est difficile de dresser la liste des espèces qui vont disparaître, les scientifiques s'accordent à dire que cette crise correspond à une véritable hécatombe : en mer, entre 85 et 96 % des espèces disparaissent à cause du phénomène d'anoxie, le manque d'oxygène dans le sang. Sur terre, on avance les chiffres de 70 à 77 % des familles de vertébrés terrestres comme n'étant plus représentées après la crise, et 63 % de diminution du nombre des familles d'insectes représentées. On estime également à 69 % le pourcentage des vertébrés terrestres, batraciens et reptiles qui s'éteignent à la fin du Permien. La flore se réduit également dans des proportions comparables, laissant subsister surtout des espèces de conifères. La destruction de la végétation génère une accumulation de matière organique avec une prolifération de champignons.

Les premiers pas des dinosaures

À l'orée de l'ère secondaire, au Trias, il y a 250 millions d'années, s'amorce la restauration biologique d'une planète ruinée d'un point de vue écologique. Le Trias inférieur est marqué par une lente et difficile diversification des espèces après la catastrophe. Dans les océans, appauvris en oxygène et avec une salinité anormale, le développement de récifs coralliens est freiné. La situation ne redevient normale que plusieurs millions d'années plus tard.
Sur les terres émergées, la reconquête des paysages débute par une végétation très peu diversifiée, comportant des espèces pionnières,

de petite taille. Là encore, la végétation ne récupère un niveau de diversité proche de celui qu'elle avait atteint avant la crise que plusieurs millions d'années plus tard. Néanmoins beaucoup d'espèces animales et végétales disparaissent définitivement. Elles sont remplacées par des végétaux et des animaux dont les silhouettes annoncent les faunes et les flores modernes. Il en est ainsi des mollusques et des insectes, dont bon nombre de groupes peuplent aujourd'hui la planète. Chez les gros animaux, les vertébrés en particulier, les choses sont différentes. Les espèces qui ont survécu tirent profit des environnements laissés vacants par l'extinction de leurs occupants légitimes, pour proliférer et se différencier en une pluralité d'espèces nouvelles, adaptées à la palette de milieux disponibles.

Différents groupes d'amphibiens vont se succéder tout au long du Trias en se maintenant avec succès. Les reptiles engagent une radiation biologique sans précédent. Parmi eux, les archosaures vont progressivement s'imposer. Certains d'entre eux, dont des espèces de petites tailles, évolueront en donnant entre autres naissance aux ptérosaures et aux dinosaures. Ils investissent la terre ferme par des formes gigantesques, herbivores et carnivores, aussi bien sur terre que dans les océans ou dans les airs.

À RETENIR

- L'apparition du premier œuf permet aux vertébrés de s'affranchir un peu plus du milieu aquatique. Les zoologues le définissent comme l'œuf cléidoïque. Il est protégé de l'évaporation et des chocs par une coquille semi-perméable et plus ou moins rigide.

- En même temps que l'apparition de l'œuf cléidoïque, émergent de nouveaux groupes d'êtres vivants sur terre, les reptiles.

- De ces premiers reptiles dérivent plusieurs lignées indépendantes : les anapsides (dont les tortues), les synapsides qui donnent lieu aux mammifères, les diapsides, qui donnent lieu à de nombreux autres reptiles, et les parapsides.

- La crise du Permien Trias ébranle la vie sur Terre et des extinctions massives se produisent. C'est la plus grande extinction d'espèces vivantes dans l'histoire de l'évolution. En mer, entre 85 et 96 % des espèces disparaissent. Sur terre, entre 70 à 77 % des familles de vertébrés terrestres ne sont plus représentées après la crise.

- Les reptiles engagent une radiation biologique. Les archosaures vont progressivement s'imposer, certains d'entre eux évolueront en donnant naissance aux dinosaures.

Le règne des dinosaures

Les dinosaures forment un groupe de vertébrés très diversifié qui domine les écosystèmes pendant 130 millions d'années. Bien que très étudiées, les circonstances de leur disparition présentent encore plusieurs zones d'ombre.

Les dinosaures sont généralement connus pour leurs énormes dimensions. Il y a effectivement parmi eux les plus grandes espèces d'animaux à avoir peuplé la Terre, ainsi que les carnivores les plus meurtriers. Mais toutes les espèces de dinosaures ne sont pas des créatures gigantesques, la majorité est de taille moyenne, sinon modeste. Au cours de leur existence, les dinosaures se différencient en un grand nombre de formes et de fonctions possibles et dominent la Terre pendant presque toute l'ère secondaire, c'est-à-dire pendant plus de 130 millions d'années. Sur la base du Code international de nomenclature zoologique, plus de 1 220 noms ont été donnés à des genres ayant été classés dans le superordre des Dinosauria. Néanmoins, un grand nombre d'entre eux sont contestés et sont vus par certains paléontologues comme des genres douteux ou des synonymes d'autres genres. Beaucoup de taxa de dinosaures ne reposent que sur très peu de matériel, si bien qu'il est parfois difficile de reconnaître des caractères anatomiques qui puissent les différencier avec certitude d'autres dinosaures proches.

L'origine des dinosaures

Les dinosaures sont apparus au sein du superordre des reptiles archosauriens, un groupe de petits reptiles de la fin du Permien et surtout du début du Trias. L'extinction radicale de la fin du Permien, vers – 250 millions d'années, cause la disparition de 90 % des espèces de l'époque, ce qui a permis à d'autres groupes d'animaux et de plantes de prendre leur essor par radiations évolutives, parmi lesquels les ancêtres des dinosaures, au même titre que d'autres reptiles et les mammifères. Des travaux récents sur les dinosaures ont permis de préciser les caractéristiques des plus anciens d'entre eux. Il est manifeste que tous les dinosauriens sont issus d'un ancêtre

Les dinosaures dominent la Terre pendant 150 millions d'années. On en connaît environ 650 genres.

commun, sans doute un petit prédateur bipède. Les plus anciens vrais dinosaures connus datent d'une époque qui va du Carnien (de – 230 à – 225 Ma) jusqu'au début du Trias supérieur. Les plus beaux spécimens proviennent de la formation d'Ischigualasto, en Argentine. Eoraptor et Herrerasaurus, les dinosaures d'Ischigualasto, sont assez bien connus grâce à des spécimens presque complets. Ils montrent également qu'à cette époque, les dinosaures ne sont qu'un élément mineur de la faune. À partir de cette période ils vont entrer dans une ère de diversification, et deviennent bien plus abondants au Norien (de – 225 à – 205 Ma). Toutes les lignées importantes de dinosaures apparaissent à cette époque. C'est à ce moment-là que se développent les groupes de dinosaures herbivores d'Europe centrale, qui croissent en taille et en nombre. Les plus grands

dinosaures de la fin du Trias atteignent cinq à dix mètres de long. Il est indéniable que les dinosaures exercèrent sur le règne animal une hégémonie exceptionnelle, mais, comme leurs successeurs les mammifères, peut-être ont-ils dû ce succès avant tout au hasard.
Il y a deux manières d'expliquer la multiplication des dinosaures au Trias supérieur. Soit ils ont bénéficié d'un vide laissé par l'extinction massive des autres reptiles, soit ils se sont imposés après une longue période de concurrence. Pendant longtemps, les paléontologues ont privilégié l'hypothèse de la concurrence victorieuse. Les ancêtres des dinosaures sont considérés comme des animaux dotés de caractéristiques évoluées susceptibles de leur conférer des avantages décisifs par rapport aux espèces concurrentes : démarche bipède, sang chaud, voire, selon certains, sang froid. Cela laisse supposer qu'après une longue période de compétition avec les autres reptiles, ils finissent par s'imposer. Plusieurs indices existent néanmoins pour démontrer que les dinosaures ont profité d'une extinction massive de leurs concurrents. Un phénomène d'extinction massive à la fin du Carnien, entraîne en effet la disparition de diverses familles d'archosaures primitifs et de reptiles mammaliens. Contrairement à ce que l'on pourrait penser, les dinosaures ne se seraient donc pas imposés sur la surface de la Terre en éradiquant les autres espèces. Plus résistants aux conditions environnementales, ils auront plutôt supplanté les autres reptiles.

Un groupe très hétérogène

Pour occuper toutes les niches écologiques disponibles, il est évident que les dinosaures, devenus le groupe dominant parmi les vertébrés terrestres, doivent se différencier par leur régime alimentaire, leur taille, et par les milieux occupés. En se basant sur les fossiles retrouvés, il est certain que les dinosauriens sont un groupe de grands animaux, même si leur taille moyenne a varié pendant les périodes du Trias, du Jurassique et du Crétacé. Une étude récente sur le poids de 63 genres de dinosaures a donné un résultat moyen de 850 kg, comparable à celui d'un gros ours. En comparaison, le poids moyen des mammifères est de 863 grammes, soit celui d'un gros rongeur. Le plus petit des dinosaures est plus grand que deux tiers des mammifères actuels. La majorité des dinosaures est plus grande que 98 % des mammifères existants. Presque toujours terrestres, ils arborent un nombre impressionnant de disparités corporelles, comme les cornes, les écailles et les crêtes.
La distribution géographique des dinosaures est très vaste et s'étend même dans des zones septentrionales, où les températures sont relativement basses. Pour cette raison, certains paléontologues estiment que les dinosaures les plus avancés

L'extinction des dinosaures à cause de la chute d'une météorite fait encore débat chez les experts.

étaient capables d'autoréguler la température de leur corps, tout comme les oiseaux, leurs descendants. Le comportement de ces animaux disparus était certainement plus complexe que celui de la majorité des reptiles actuels. Ils déposaient leurs œufs dans des nids, qu'ils surveillaient ensuite comme le font aujourd'hui les crocodiles. Il paraît presque certain, ainsi que le suggèrent de nombreuses traces fossiles, que beaucoup d'espèces de dinosaures herbivores se regroupaient en troupeaux pour mieux se défendre des prédateurs.

Éruptions volcaniques massives

L'ère secondaire se termine par une crise biologique, la crise du Crétacé, qui survient il y a 65 millions d'années. Elle entraîne la disparition définitive des dinosaures, des reptiles marins et volants, mais aussi d'espèces marines comme les ammonites et bélemnites. En tout, près de 75 % des espèces vivantes s'éteignent. À l'instar de la crise qui décima la biosphère à la fin du Permien elle est imputable à un ensemble de changements de grande ampleur affectant l'environnement planétaire. Diverses théories sont proposées pour rendre compte de cette extinction. La majorité des paléontologues s'entendent pour dire qu'elle est d'abord liée à une conjonction de facteurs. Il semble dans un premier temps que l'époque soit marquée par un recul massif des océans. Ce recul entraîne des modifications climatiques de grande envergure qui provoquent la disparition de différents groupes.

À la fin du Crétacé et sur une période estimée à 500 000 années, d'énormes éruptions volcaniques ont lieu dans le Deccan, situé dans l'Inde actuelle. Des couches de lave gigantesques (les trapps du Deccan) ont été retrouvées dans cette région. Il peut y avoir jusqu'à 2 400 mètres d'épaisseur de roche volcanique, et la surface actuellement couverte dépasse les 500 000 km².

Les simulations informatiques sur les effets de ces éruptions indiquent que les quantités de poussières, de cendres et de gaz carbonique (CO_2) rejetés ont eu un effet climatique très perturbant pour les écosystèmes. Néanmoins, comme pour toute simulation, il reste d'importantes incertitudes sur les effets environnementaux exacts de ce phénomène.

La chute d'une météorite

Autre argument pour expliquer la disparition des dinosaures, la collision d'une météorite avec la Terre. Dans les années 1980, les scientifiques remarquent, dans certaines couches géologiques, une couche d'argile noire de quelques centimètres d'épaisseur entre les strates du Crétacé et celles du Tertiaire. Cette limite géologique, bien visible en certains points du globe, présente un taux anormal d'iridium. Celui-ci est rare sur Terre, mais il est plus abondant dans certaines météorites. On a alors émis la théorie de la chute d'une météorite, sans en connaître encore le point d'impact. Quelques années plus tard, on découvrit le cratère de Chicxulub, au Mexique. Dans l'intervalle, de nombreuses autres traces de cet impact ont été découvertes, comme des quartz choqués (portant la marque d'un choc énorme). Cependant l'hypothèse que la chute de cette météorite ait provoqué la disparition des dinosaures semble aujourd'hui remise en question. Il apparaîtrait que 300 000 ans séparent l'extinction des dinosaures de la chute de la météorite gigantesque. La collision de la planète avec une météorite ne saurait d'ailleurs rendre compte à elle seule de la crise biologique du Crétacé. Son caractère cataclysmique implique des extinctions instantanées, massives, et synchrones des faunes et des flores. Cette conclusion est contredite par les archives paléontologiques qui révèlent que bon nombre de groupes, tels les ammonites ou les reptiles, ont amorcé une phase de déclin au cours du Crétacé, bien longtemps avant le moment de l'impact. Tout au plus, cet événement correspondrait au coup de grâce porté à une biosphère largement fragilisée par les altérations climatiques du Crétacé.

À RETENIR

- Les dinosaures sont les représentants d'un ordre de reptiles qui domine la Terre pendant 150 millions d'années. Les premiers dinosaures sont apparus vers – 230 millions d'années et ont disparu il y a 65 millions d'années.

- Sur la base du Code international de nomenclature zoologique, on reconnaît de 630 à 650 genres de dinosaures, rassemblant plusieurs milliers d'espèces. Une trentaine de nouvelles espèces sont décrites tous les ans.

- Les dinosaures ne se sont pas imposés sur la surface de la Terre en éradiquant les autres espèces. Plus résistants aux conditions environnementales, ils ont supplanté d'autres reptiles.

- Les dinosaures ont foulé la Terre et peuplé les océans sous des formes très variées : gigantesques sauropodes herbivores, théropodes carnivores, reptiles volants et marins…

- De nombreuses théories et hypothèses sont avancées pour comprendre l'extinction massive de la biodiversité à la limite du Crétacé et du Tertiaire : gigantesques éruptions volcaniques, collision d'une comète ou d'un astéroïde (d'environ 10 km de diamètre), changements climatiques…

L'évolution des oiseaux

L'histoire évolutive des oiseaux et leur origine demeurent complexes. L'hypothèse selon laquelle ils sont issus d'un groupe de dinosaures continue de diviser les scientifiques. Les oiseaux n'en demeurent pas moins une classe de vertébrés diversifiée, aux relations de parenté encore méconnues.

Les dépôts fossiles fournissent peu d'informations sur l'origine des oiseaux. Le squelette d'un oiseau est fragile et friable, ce qui empêche une bonne fossilisation. De plus les oiseaux terrestres meurent rarement là où leurs restes auraient pu s'enfouir. Depuis les années 1990, les découvertes d'oiseaux fossiles dans de nombreuses parties du monde sont donc un événement. Leur étude révèle que les oiseaux se sont diversifiés rapidement à partir du Crétacé, en montrant de fortes capacités adaptatives et en acquérant des capacités de vol efficaces. Plusieurs théories sont développées quant à l'apparition des oiseaux. Certains scientifiques les ont présentés comme descendants de reptiles du Permien, mais la théorie la plus communément admise fait des oiseaux les descendants de petits dinosaures... théorie encore largement débattue parmi les paléontologues du monde entier.

L'ancêtre archéoptéryx

Les archéoptéryx forment un genre d'animaux disparus et sont considérés comme les oiseaux les plus anciens. Le premier spécimen est découvert en Allemagne, en 1861. Plus tard, d'autres archéoptéryx sont découverts et on décompte aujourd'hui une bonne douzaine de spécimens, aux plumes plus ou moins présentes. Très tôt les paléontologues voient dans l'archéoptéryx un oiseau primitif. Ces animaux, d'une taille d'environ soixante centimètres, ont vécu à la fin du Jurassique, il y a 156 à 150 millions d'années. Vers 1935, venu en Europe pour étudier les archéoptéryx, le paléontologue américain Ostrom démontre que le squelette de l'animal est semblable à celui d'un squelette de dinosaure coureur, ou théropode. Hormis les proportions des ailes, très similaires à celles des oiseaux modernes, les squelettes d'archéoptéryx ressemblent en effet

Les archéoptéryx sont considérés comme les oiseaux les plus anciens datant d'il y a environ 156 millions d'années.

de façon étonnante à ceux d'un petit dinosaure bipède. Les archéoptéryx possèdent à la fois des caractéristiques de dinosauriens archaïques et celles d'oiseaux actuels. Ses ailes, remarquablement développées, sont similaires à celles des oiseaux volants modernes, mais il présente également des mâchoires aux petites dents pointues et une longue queue osseuse. Cela suppose donc que, malgré leur grande taille, les dinosaures peuvent être à l'origine des oiseaux. C'est le point de départ de la théorie « dinosaurienne » qui rapidement connaît un grand succès chez les paléontologues. La théorie se répand dans le monde entier et ressuscite du même coup les dinosaures, des animaux que l'on croyait disparus depuis 65 millions d'années. Les études de nombreux paléontologues, notamment celles de Jacques Gauthier, spécialiste des vertébrés, confirment que de nombreux caractères classiquement considérés comme spécifiques aux oiseaux sont apparus avant ceux-ci, chez les théropodes, voire plus tôt encore. Selon cette hypothèse, certains des caractères adaptatifs propres aux dinosaures terrestres sont conservés chez les oiseaux. Les clavicules ou fourchettes en forme de U, que l'on trouve autant chez les oiseaux que chez certains théropodes, confirmeraient leur lien avec les oiseaux. Chez ces derniers, ce caractère joue un rôle primordial dans leur aptitude à voler, alors que chez les dinosaures il a probablement évolué pour servir de support aux courtes pattes antérieures avec lesquelles ils attrapaient leurs proies. Les membres postérieurs des premiers théropodes se transforment également, ils s'allongent, le fémur devient plus long que le tibia, et le péroné se réduit.

L'hypothèse dinosaurienne remise en cause

Naturellement, l'apparition des caractéristiques des oiseaux chez leurs prédécesseurs les théropodes s'est faite de manière progressive. Le protoplumage, ou plumage primitif, est déjà présent chez de nombreux théropodes et devait avoir d'autres utilités. Ainsi, déjà visibles chez leurs ancêtres, les plumes ont ensuite permis aux oiseaux de voler et de développer un mode de vie arboricole grâce à toute une série de caractéristiques et d'adaptations.

Mais la théorie de l'ancêtre théropode a été remise en cause par plusieurs découvertes et par l'étude de la formation des embryons des oiseaux. On considère en effet que les théropodes ont un ancêtre commun à cinq doigts et qu'ils en ont perdu deux au cours de l'évolution. Il leur reste les doigts numéro 1, 2 et 3. Or l'étude du développement embryonnaire des oiseaux suggère que leurs ailes sont formées à partir des doigts 2, 3 et 4. Les doigts les plus développés des théropodes correspondent ainsi au pouce, à l'index et au majeur, tandis que chez les embryons d'oiseaux, les cinq doigts commencent à se former, mais ceux qui se développent pour donner les ailes sont l'index, le majeur et l'annulaire. Certains paléontologues ont donc conclu qu'il est impossible que les ailes des oiseaux se soient développées à partir des mains des théropodes.

Une théorie alternative défend l'idée que les oiseaux descendent de lézards bipèdes du Trias (– 245 millions d'années), bien avant les dinosaures. Ils auraient acquis des plumes, puis des ailes et enfin découvert le vol en milieu forestier. La sélection sexuelle aurait ici joué un rôle primordial. Des expansions cutanées se seraient chargées de pigments colorés, et auraient pris de l'importance pour devenir des plumes. Le passage à l'aile serait en fait lié à la course bipède qui aurait entraîné une réduction des bras avec une disparition des doigts, compensée par un

Beaucoup d'espèces d'oiseaux, dont les hiboux, émergent entre – 100 et – 65 millions d'années.

allongement des plumes de la main. En recouvrant les griffes, elles auraient permis leur disparition. Ces animaux seraient passés en milieu forestier, et c'est dans les forêts tropicales de l'époque qu'ils seraient devenus des oiseaux. Mais là encore, la théorie ne fait pas l'unanimité. D'ailleurs une découverte récente fait resurgir la possibilité d'un lien de parenté entre les oiseaux et les dinosaures théropodes, que l'homme ne souhaite apparemment pas abandonner.

Un débat sans fin

Selon une étude publiée en 2009 dans la revue *Nature*, la découverte en Chine d'un dinosaure vieux de 155 millions d'années pourrait expliquer la mystérieuse origine de l'apparition des ailes des oiseaux. Avec la découverte de *Limusaurus inextricabilis* (littéralement saurien ne parvenant pas à s'extraire de la boue), l'équipe du paléontologue chinois Xing Xu, de l'Institut de paléontologie des vertébrés et de paléoanthropologie de Pékin, redonne du crédit à la théorie selon laquelle certains dinosaures sont les ancêtres des oiseaux. *Limusaurus inextricabilis*, un cératosaure herbivore, découvert dans la formation jurassique de Shishugou dans le bassin du Junggar, à l'ouest de la Chine, fait partie du sous-ordre des théropodes, dinosaures se tenant sur leurs pattes arrière. Alors que certains paléontologues continuent de penser qu'il est impossible que les ailes des oiseaux se soient développées à partir des mains des théropodes, chez *Limusaurus inextricabilis*, le pouce est très réduit, tandis que l'index, le majeur et l'annulaire sont très développés. Selon le professeur Xu, ce cératosaure pourrait donc représenter une étape intermédiaire de l'évolution entre les dinosaures et les premiers oiseaux. Ainsi l'hypothèse selon laquelle les oiseaux se sont développés à partir des dinosaures théropodes est de nouveau valide. Mais cette théorie elle aussi est encore loin de faire l'unanimité. Ce débat sans fin sur l'origine dinosaurienne des oiseaux devrait encore alimenter les discussions scientifiques pendant de nombreuses années.

Des liens de parenté complexes

Les relations évolutives entre les groupes d'oiseaux ont longtemps été difficiles à comprendre car ces derniers sont apparus de façon explosive, presque instantanément, dans une période comprise entre – 100 et – 65 millions d'années. Ainsi, par exemple, les perroquets, les pigeons et les hiboux, bien distincts, semblent être apparus brusquement, car y a peu ou pas de formes intermédiaires. Il existe aujourd'hui près de 10 000 espèces d'oiseaux dont un tiers est connu en Amérique latine. Si l'origine des oiseaux fait encore l'objet de controverses, les liens de parenté qui existent entre les différentes espèces ont fait récemment l'objet d'une étude génétique approfondie. Cette étude a été menée pendant cinq ans par un groupe international de dix-huit chercheurs. Elle est connue sous le nom de « Early Bird Assembling the Tree-of-Life Research Project » et représente la plus vaste analyse de génomes d'animaux. Des séquences d'ADN situées sur quinze chromosomes de 169 espèces d'oiseaux ont été analysées. Les résultats bouleversent les scénarios de l'histoire de l'évolution des oiseaux et éclairent d'un jour totalement nouveau les liens de parenté entre les différentes espèces.

L'étude démontre que des oiseaux qui se ressemblent et ont des comportements similaires n'appartiennent pas forcément à la même famille. Ainsi, les flamants, dont le célèbre flamant rose, ont une morphologie qui semble les rapprocher des cigognes ou des grues. Pourtant, leur plus proche parent est le grèbe, un oiseau aquatique de petite taille, dont le poids maximum approche les 1 200 grammes. Les faucons sont très proches des perroquets, et la famille des falconidés, qui comprend les vautours du Nouveau Monde, est assez éloignée des aigles ou des buses. Ainsi l'homme a encore beaucoup à apprendre de l'histoire évolutive des oiseaux.

À RETENIR

- Il existe plusieurs théories quant à l'apparition des oiseaux. La plus communément admise fait des oiseaux les descendants de petits dinosaures théropodes. Une théorie alternative défend l'idée que les oiseaux descendent de lézards bipèdes du Trias (– 245 millions d'années), bien antérieurs donc aux dinosaures.

- Les archéoptéryx forment un genre d'animaux disparus et sont considérés comme les oiseaux les plus anciens. D'une taille d'environ soixante centimètres, ces animaux ont vécu à la fin du Jurassique, il y a 156 à 150 millions d'années.

- De nombreux caractères, qui sont classiquement considérés comme spécifiques aux oiseaux, sont déjà apparus chez les théropodes : protoplumes ou plumes, structure des os, allongement des membres postérieurs, réduction de certains doigts…

- L'origine dinosaurienne des oiseaux est la théorie la plus communément admise, mais elle a encore de nombreux détracteurs.

- Les liens de parenté entre oiseaux font encore l'objet d'études, notamment génétiques. Mais on sait d'ores et déjà que des oiseaux qui se ressemblent et qui ont des comportements similaires n'appartiennent pas forcément à la même famille.

La radiation des mammifères

Nés en même temps que les dinosaures, les mammifères sont longtemps restés discrets. Après la disparition des premiers, ce groupe d'animaux a évolué et a finalement surmonté les diverses crises et événements au cours des temps géologiques. Une preuve de leur grande adaptabilité.

Depuis les observations de Descartes sur la circulation des animaux à sang chaud, nous savons que nous appartenons à la gent mammifère. Notre passé commun avec les quelque 4 000 espèces de mammifères peuplant la planète fait que nous avons un intérêt particulier dans la recherche des ancêtres de cette classe de vertébrés.

Quelle origine pour les mammifères ?

Pour revenir au sens étymologique du terme, les mammifères se distinguent anatomiquement par la présence de mamelles. Alors que les poissons, les amphibiens et les reptiles pondent, dans l'eau ou la terre, des œufs qu'ils abandonnent ensuite dans la plupart des cas, les mammifères accordent à leurs petits une assistance prolongée dont l'allaitement est le corollaire. Si l'histoire des mammifères débute au Trias, leur émergence à partir d'une souche reptilienne est encore mystérieuse. S'est-elle produite en une fois, en un lieu précis et localisé, qui constitue le berceau à partir duquel le groupe a ensuite rayonné vers d'autres continents ? Cette apparition a-t-elle eu lieu simultanément au sein de diverses populations et en de multiples endroits ? Questions délicates qui n'ont pas encore trouvé de réponse. Pour se faire, il faudrait que les scientifiques disposent d'archives fossiles provenant du monde entier. Mais la petite taille des premiers mammifères complique leur découverte. Aussi, les lieux de dispersion de ces animaux font encore l'objet de bien des controverses.

De même, la reconstitution des relations de parenté chez les différentes espèces de mammifères qui existent ou ont existé se heurte régulièrement à des résultats contradictoires : les liens établis par les données fossiles sont démentis par l'approche

À mi-chemin entre reptile et mammifère, *Castorocauda* vit sur Terre il y a 160 millions d'années.

moléculaire et vice versa. Bien que de nouveaux marqueurs génétiques soient régulièrement découverts et que les banques de données moléculaires ne cessent de s'étoffer, la découverte de nouveaux fossiles reste à l'heure actuelle le seul moyen pour compléter, tester et élaborer les scénarios phylogénétiques. Lorsqu'ils apparaissent, en même temps que les plus anciens dinosaures au Trias inférieur (à partir de – 230 millions d'années), les premiers mammifères sont des animaux de très petite taille. Un des premiers mammifères connus est le morganucodon, petit animal insectivore de la fin du Trias. Il vit il y a environ 205 millions d'années. Il est un peu plus grand que la musaraigne actuelle et mesure une dizaine de centimètres. Ses fossiles ont été retrouvés au Pays de Galles et en Chine, et des animaux semblables morphologiquement ont été retrouvés en Amérique et en Afrique.

La classe des mammifères se fait discrète

Durant l'ère secondaire, du Trias au Crétacé, l'histoire des mammifères se déroule à l'ombre de la radiation engagée par le monde des grands reptiles. Les mammifères restent de petite taille ou de taille assez modeste, variant de celle d'une souris à celle d'un lapin. La plupart devaient être nocturnes, car les crânes fossiles retrouvés révèlent un développement important des aires sensorielles de l'odorat et de la vision. Des études récentes ont permis de prouver que certains mammifères s'orientent dans la nuit grâce à leurs vibrisses, des moustaches qui leur servent à mieux percevoir l'environnement. Malgré une vie discrète imposée par leurs prédateurs dinosaures, les mammifères se développent sous des formes variées. *Castorocauda*, qui vit au milieu du Jurassique il y a 164 millions d'années, est long d'une quarantaine de centimètres pour environ 800 grammes, avec des membres adaptés pour nager et creuser. Il dispose également de dents adaptées pour s'alimenter de poissons. *Fruitafossor*, de la dernière période jurassique, est présent sur Terre il y a environ 150 millions d'années. Il est de la taille d'un tamia, et ses dents, ses pattes avant et arrière suggèrent qu'il fore les nids d'insectes pour se nourrir. *Volaticotherium*, entre – 140 et – 120 millions d'années, est le tout premier mammifère planant connu. Il possède une membrane entre ses membres, comme celle de l'écureuil volant moderne, et est actif principalement pendant la journée. Généralement, les mammifères du Jurassique et du Crétacé se déplacent au sol ou grimpent aux arbres et se nourrissent essentiellement d'insectes et de produits végétaux. Beaucoup vivent probablement dans des terriers, comme les lapins actuels.

Pendant le Crétacé, il y a une divergence entre deux lignées de mammifères, qui perdurent encore de nos jours : les placentaires et les marsupiaux. Les placentaires regroupent aujourd'hui la quasi totalité des mammifères peuplant la planète, depuis les éléphants jusqu'aux souris en passant par l'homme. Les marsupiaux sont quant à eux cantonnés pour l'essentiel en Australie, en Tasmanie et en Nouvelle-Guinée, où ils sont représentés entre autres par les kangourous et les koalas. Marsupiaux et placentaires prennent leur essor véritable durant l'ère tertiaire, une fois affranchis de la pesante proximité des reptiles mésozoïques. La multitude d'habitats et lieux de vie que ceux-ci laissent vacants après la crise du Crétacé est alors très largement investie.

Des organismes faits pour s'adapter

Les mammifères doivent leur succès à un ensemble de caractéristiques qui les rendent uniques, si on les compare aux autres êtres vivants. Leur

Les baleines sont la preuve de la remarquable adaptabilité des mammifères.

métabolisme à sang chaud leur permet de vivre activement et de supporter les changements climatiques. De plus, ils produisent du lait et veillent sur leurs jeunes afin de préserver leur descendance. Enfin, ils sont équipés de dentures diversifiées adaptées à toutes sortes de nourritures. Leur première épreuve, après que la Terre s'est remise de la grande extinction du Crétacé, consiste globalement à s'adapter à une planète recouverte de forêts tropicales. Il y a 50 millions d'années, tous les mammifères sont encore de petite taille. Ils ont un peu grandi depuis la disparition des dinosaures, mais aucun ne dépasse la taille d'un cochon, la forêt les empêche de gagner en taille. Les oiseaux carnivores géants comme gastornis, tiennent le sommet de la chaîne alimentaire. Ces oiseaux, trop gros pour voler, sont suréquipés pour la chasse aux mammifères. Si le monde était resté couvert de forêts tropicales, il est fort possible que ces oiseaux géants en aient conservé la domination au détriment des mammifères. Tandis que ces prédateurs règnent sur les terres, certains mammifères se réfugient dans un milieu fort improbable pour des quadrupèdes à fourrure, l'eau. Ils se font alors progressivement très gros jusqu'au plus imposant : la baleine.

Les baleines sont la preuve de la remarquable adaptabilité des mammifères. L'évolution, qui a changé des petites créatures arboricoles en animaux de 150 tonnes, est longtemps restée un mystère pour les scientifiques. En 1992, sur un site au Pakistan, les paléontologues découvrirent des fossiles uniques d'une créature qui pouvait vivre aussi bien sur Terre que dans l'eau : *Ambulocetus*, « la baleine qui marche ». Ils trouvent alors un chaînon manquant important dans l'histoire des mammifères. Cet amphibien se déplace plus ou moins comme les loutres d'aujourd'hui et ses membres avant et arrière doivent être palmés. Les baleines sont le premier exemple de la tendance au gigantisme des mammifères, mais les animaux terrestres ne sont pas en reste. Ils connaissent une forte croissance lorsqu'un changement climatique repousse les forêts tropicales il y a environ 44 millions d'années.

L'âge d'or des mammifères

Progressivement, l'Antarctique se refroidit puis se couvre d'une calotte glaciaire permanente. Ce phénomène déclenche une mutation globale du climat. Les précipitations diminuent, les forêts reculent et de nouveaux habitats apparaissent. Ces changements profitent aux animaux terrestres. Les oiseaux carnivores perdent vers cette période leur place au sommet de la chaîne alimentaire, et les mammifères conquièrent les espaces ouverts. Sans la protection des forêts, les animaux les plus grands survivent mieux face aux prédateurs. C'est le début de l'âge d'or des mammifères, le temps des géants, et nombre de mammifères vont gagner en taille. Le plus spectaculaire de ces géants est l'entelodon, qui possède une mâchoire de taille démesurée. Ce carnivore est avant tout un charognard opportuniste qui dévore tout ce qu'il trouve. De nombreuses blessures rencontrées sur leurs fossiles prouvent qu'ils se battent entre eux. On ne sait pas ce qui a provoqué l'extinction de ce mammifère pourtant très bien adapté à son environnement. Leur succèdent d'autres géants, mais plus pacifiques comme *Paraceratherium*, qui ressemble à un gros rhinocéros et qui est certainement le plus grand mammifère terrestre ayant jamais existé.

Parallèlement, un groupe végétal nouveau apparaît, les graminées, qui sont à l'origine d'une abondante ressource alimentaire. Les paysages ouverts, constitués de pelouses et de savanes s'imposent. Il en résulte une radiation de formes et d'adaptations dont le meilleur témoignage est la diversité actuelle de la grande faune. Les animaux qui se nourrissent de branchages déclinent progressivement pour laisser la place à de nouvelles espèces : les brouteurs, mais des mammifères plus rapides, plus grands et plus performants, comme les félidés, dont les qualités contrebalancent l'évolution de leurs proies.

À RETENIR

- Apparus en même temps que les plus anciens dinosaures au Trias inférieur (il y a 230 millions d'années), les premiers mammifères sont des animaux de très petite taille.

- Pendant tout le Secondaire, jusqu'à la fin du Crétacé (il y a 65 millions d'années), ils sont très diversifiés et colonisent différents milieux, aquatique, aérien, arboricole, souterrain. Peu ont un poids qui dépasse quelques centaines de grammes.

- Au début du Tertiaire, après la crise du Crétacé, deux ensembles, les marsupiaux et les placentaires, vont se diversifier en de nombreuses lignées. Les mammifères colonisent aussi bien le milieu terrestre que le milieu marin. Ils doivent leur succès à un ensemble de caractéristiques uniques, dont un métabolisme à sang chaud, qui leur permet de supporter les changements climatiques.

- À partir de – 55 millions d'années, les mammifères connaissent une radiation adaptative. À la faveur d'un réchauffement climatique global, la plupart des ordres modernes apparaissent.

- De nouveaux changements climatiques, 10 millions d'années plus tard, confortent cette explosion des espèces et donnent naissance aux gros herbivores et aux grands prédateurs.

L'essor des primates

À partir de – 55 millions d'années, plusieurs espèces de mammifères évoluent depuis un ancêtre commun. Les primates puis les premiers hominoïdes vont s'imposer et coloniser l'Ancien Monde. Parmi eux figurent les grands ancêtres communs aux hommes, aux chimpanzés et aux gorilles.

Après la disparition des dinosaures, les grands groupes de mammifères se développent, en bénéficiant d'un climat très chaud. De nombreuses espèces différentes apparaissent et occupent des milieux variés : l'espace terrestre, les arbres, les milieux aquatiques. C'est à ce moment que les mammifères arboricoles, encore appelés primates, émergent.

Une origine encore mystérieuse

On a retrouvé des fossiles de primates dans plusieurs parties du monde : en Europe, en Amérique du Nord, en Asie, ou encore en Afrique. Parmi ces protosinges d'Afrique, le plus ancien a été baptisé *Altiatlasius*. Il a été découvert au Maroc et est daté de – 55 millions d'années. Identifié uniquement par une douzaine de dents, seul élément du squelette qui ait résisté au temps, ce petit mammifère du continent africain devait peser environ 120 grammes. Les primates sont connus avec certitude depuis la transition Paléocène-Éocène il y a environ 55 millions d'années. À cette époque, un fort réchauffement climatique permet à une toute petite faune tropicale de rejoindre des régions plus septentrionales et de passer d'un côté à l'autre de l'Atlantique par le Nord, où l'océan n'a pas encore complètement séparé les deux continents. C'est dans ce contexte que deux ou trois genres de primates apparaissent en Europe et en Amérique du Nord, sans doute en provenance de zones tropicales d'Afrique ou d'Asie. Les plus anciens représentants des primates sont de petite taille, leur poids varie de quelques centaines de grammes à plusieurs kilos. Ils mènent une vie arboricole, se nourrissant de fruits et de feuilles, voire d'insectes. Leur aspect est proche de celui les lémurs et des tarsiers actuels. Bien que leur origine soit encore sujette à controverse, on a

Les tarsiers actuels sont vraisemblablement assez proches des premiers primates.

souvent conclu à une parenté des primates avec les insectivores, un groupe de mammifères déjà bien représenté à l'ère secondaire. À la fin de l'Éocène inférieur (– 49 millions d'années), cinq lignées différentes de primates se sont diversifiées, ce qui s'est accompagné d'une augmentation de taille des individus, de un à sept kilos environ. Dans plusieurs de ces lignées, les dents acquièrent des caractères qui traduisent une spécialisation à un régime alimentaire à base de feuilles. Les os des membres révèlent une évolution de la locomotion où la part des sauts devient de plus en plus importante, mais sans atteindre le mode exclusivement sauteur de nombre de primates actuels.

La « grande coupure »

Il y a 40 millions d'années, de grands bouleversements climatiques affectent la Terre et toute

la faune et la flore qu'elle abrite, un événement appelé la « grande coupure ». Les grandes régions climatiques que nous connaissons aujourd'hui se mettent alors en place : l'hémisphère nord se refroidit, alors que les zones tropicales bénéficient de températures plus clémentes. La vie des primates s'en trouve bouleversée. Ces derniers disparaissent des continents de l'hémisphère nord, seuls ceux provenant des régions tropicales du globe, et en particulier d'Afrique, survivent aux changements de température.
C'est à ce moment qu'apparaissent, vers – 35 millions d'années, les premiers singes modernes. Installés dans les arbres, ils y imposent leur domination et évoluent en de multiples espèces qui finissent par occuper plusieurs niches écologiques, du sol au sommet des arbres. Végétariens à tendance omnivore, c'est-à-dire capables de se nourrir d'insectes, de fruit comme de feuilles, ils vivent au grand jour, non pas en solitaires mais en groupes sociaux. La luxuriance de la végétation favorise la diversification des espèces de singes. Certaines d'entre elles restent de très petite taille, d'autres deviennent plus corpulentes. C'est le cas, notamment, de l'aegyptopithèque, ou singe d'Égypte. Il possède déjà tous les traits anatomiques qui caractériseront tous les autres singes à venir. Arboricole, ce singe tout velu possède un long museau, évolue à quatre pattes et se retient aux branches grâce à une longue queue préhensile. Il est le premier animal placentaire connu à présenter une dentition composée de 32 dents, comme les hommes modernes. Les caractéristiques anatomiques des grands singes et des hommes se dessinent il y a plus de 30 millions d'années.

Les singes gagnent en stature

L'histoire de l'évolution des singes dans le berceau de l'Ancien Monde comporte plusieurs zones d'ombre. Les fossiles découverts ne couvrent pas toutes les périodes géologiques et on ignore ce qu'il advint des singes durant plus d'une dizaine de millions d'années. On retrouve leur trace au début du Miocène, vers – 20 millions d'années. L'évolution a poursuivi son chemin et deux groupes bien différents se sont formés. Les premiers ont été classés comme les cercopithécoïdes, ou singes à queue. Ils sont quadrupèdes, arboricoles ou terrestres et vivent, pour l'immense majorité d'entre eux, dans les forêts. Des cercopithécoïdes naîtront plusieurs espèces, représentées par exemple en Afrique ou en Asie par les macaques. L'autre groupe constitue les hominoïdes. Ce groupe est florissant et étend nettement son influence dans les forêts d'Afrique. C'est parmi les hominoïdes que figurent les grands ancêtres communs aux hommes, aux chimpanzés, aux bonobos, aux gorilles, aux orangs-outangs et aux gibbons actuels. Une nouvelle fois, ce sont les

Les scientifiques évaluent l'apparition des premiers chimpanzés entre – 6 et – 8 millions d'années.

conditions climatiques qui décideront de l'avenir des espèces. Les températures moyennes augmentent et favorisent l'expansion des singes en Afrique, en particulier celle des hominoïdes, qui formeront un groupe incroyablement riche. Des plus petits jusqu'aux plus grands, qui dépassent les 50 kg, ces hominoïdes offrent un éventail d'espèces et de tailles qui leur permet d'occuper toutes les niches écologiques de la forêt.

Car les singes de l'Ancien Monde se différencient en de nombreuses espèces avec une tendance récurrente à augmenter en taille. Alors que les espèces de petite et moyenne tailles continuent de se déplacer à quatre pattes sur les branches, des espèces de grande taille commencent à se suspendre pour se maintenir, si besoin, en équilibre sur les membres inférieurs. Ils sont dotés de pouces opposables, mais cela ne signifie pas qu'ils soient bipèdes. Ils ont le buste droit quand ils sont assis et ils se dressent sur leurs membres postérieurs pour attraper des objets en hauteur. Mais ils marchent à quatre pattes, comme tous les mammifères. Les primates de grande taille ont abandonné le saut de branche en branche en faveur d'un autre système plus prudent : ils se suspendent aux branches et avancent en déplaçant un bras après l'autre. C'est l'embryon de la bipédie.

Les spécialistes de singes, les primatologues, appellent ce type de mouvement la brachiation. Cette aptitude a pour conséquence de garder le corps dans une sorte de position dressée, même si c'est une position suspendue et non en appui sur les membres postérieurs. En tout cas, c'est un changement de posture qui a pour conséquence d'introduire des pressions sélectives vers un changement progressif des formes du corps. En premier lieu, ces grands singes brachiateurs tendent à perdre leur queue. Puis leur corps prend une allure verticale. Les vertèbres de la queue ont disparu et se replient vers le bas pour constituer le sacrum, qui contribuera au soutien des entrailles, lesquelles maintenant pèsent sur l'aine. À ce stade, l'évolution donne déjà un primate de type anthropoïde, comme les actuels orangs-outans et gibbons asiatiques, gorilles, chimpanzés et bonobos africains. À partir du milieu du Miocène, vers – 16 millions d'années, les grands singes se dispersent hors d'Afrique, vers toute la frange méridionale de l'Eurasie, alors recouverte de vastes forêts.

Le déclin des hominoïdes

Les différentes lignées des hominoïdes qui se sont disséminées hors d'Afrique connaissent un développement important pendant près de dix millions d'années. Mais la lignée européenne s'éteint vers – 8 millions d'années, et la lignée asiatique connaît un déclin dramatique. La modification du climat global sur la planète, avec des périodes de glaciation, entraîne en effet, au nord de l'équateur, un retrait des grandes forêts, principal habitat des hominoïdes. De grands groupes de singes disparaissent alors. Les cercopithécoïdes vont, quant à eux, devenir le groupe le plus diversifié sur la planète. Ils sont avantagés par leur plus petite taille et leur faculté à digérer des aliments de moins bonne qualité nutritive.

Les hominoïdes des zones tropicales, essentiellement en Afrique, sont les seuls à s'accommoder des modifications du climat. De grande taille, avec des os et des dents robustes, ils s'adaptent à la vie terrestre et semblent peu à peu s'affranchir des arbres. Il est délicat de suivre précisément leur histoire évolutive, car ce sont étrangement les hominoïdes d'Afrique qui ont laissé le moins de traces fossiles, entre – 14 et – 4 millions d'années, dates de l'émergence des australopithèques. C'est pourtant de ce continent originel que les autres lignées sont parties. Une partie cruciale de notre histoire évolutive nous échappe. On ignore tout de l'histoire évolutive des paninés, ancêtres des chimpanzés, des bonobos et des gorilles actuels. Et il en va de même pour la moitié de notre propre histoire évolutive, celle des homininés, avant l'émergence du peuple des australopithèques.

À RETENIR

- Après la disparition des dinosaures, les mammifères connaissent une évolution rapide à partir d'un ancêtre commun. C'est à ce moment que les primates émergent.

- De grands bouleversements climatiques survenus il y a 40 millions d'années affectent la Terre. Les primates disparaissent des continents de l'hémisphère nord, seuls ceux provenant des régions tropicales du globe survivent aux changements de température.

- Vers – 35 millions d'années, les premiers singes modernes apparaissent. Grâce à leur capacité d'adaptation, ils évoluent en de multiples espèces, qui finissent par occuper plusieurs niches écologiques. Parmi elles, on trouve les hominoïdes, ancêtres communs aux hommes, aux chimpanzés et aux gorilles.

- Vers – 16 millions d'années, les grands singes se dispersent hors d'Afrique. Les différentes lignées des hominoïdes connaissent un développement important pendant près de dix millions d'années.

- Suite à un nouveau changement climatique, les hominoïdes des zones tropicales sont les seuls à s'accommoder des modifications du climat. Les hominoïdes d'Afrique sont les ancêtres probables des hominidés, et donc des hommes.

Du primate à l'homme moderne

Il faut attendre plusieurs millions d'années à partir des hominoïdes, ancêtres des hommes et des singes, pour que naisse *Homo sapiens*, celui qui va dépasser tous les autres hommes et s'imposer dans le monde. L'homme moderne apparaît vers – 200 000 ans après un long processus évolutif.

L'histoire évolutive de la lignée humaine couvre toutes les étapes de l'évolution de la famille des homininés au cours des temps géologiques. Elle ne se limite pas à l'étude du genre *Homo*, mais inclut plus généralement tous les membres de la famille des homininés. Cette histoire est encore loin d'être résolue.

Des singes aux premiers hommes

L'évolution des singes dans leur berceau de l'Ancien Monde comporte plusieurs zones d'ombre. Les fossiles découverts ne couvrent pas toutes les périodes géologiques, mais on sait que vers – 20 millions d'années, apparaissent les hominoïdes, ancêtres des grands singes et des hommes. Les différentes séparations entre les lignées ayant mené aux différentes espèces de singes actuels, et au genre *Homo*, se sont produites de manière successive. Entre – 10 et – 6 millions d'années, il y a séparation de la lignée humaine, les homininés, et de la lignée des chimpanzés, les paninés. C'est la séparation la plus récente entre l'homme et l'une des lignées de singes. Selon des études se basant sur la génétique, elle s'est faite il y a moins de 6,3 millions d'années. Mais elle a dû être progressive.

Le plus ancien fossile de primate bipède, daté de – 7 millions d'années, est découvert au Tchad en 2001. Il s'agit de l'espèce baptisée *Sahelanthropus tchadensis*, aussi connue sous le nom de toumaï. Seul son crâne est retrouvé et étudié. Celui-ci présente, pour certains paléoanthropologues, les caractéristiques d'une station droite, et donc d'une marche sur deux jambes. La bipédie est le premier caractère humain à apparaître dans la lignée humaine. Cette apparition serait l'événement fondateur ayant permis par la suite les

Les premiers australopithèques remontent à – 4 millions d'années. Huit espèces sont connues.

évolutions qui ont mené aux différentes espèces d'homininés dont l'homme fait partie.
L'évolution depuis notre ancêtre commun le plus récent avec les chimpanzés est relativement bien documentée grâce aux nombreux fossiles retrouvés. Depuis les années 1980, les découvertes de gisements de fossiles se sont multipliées et, avec elles, le nombre d'espèces ou de sous-espèces du genre *Homo*. Mais des doutes persistent sur les liens de parenté entre espèces, ce qui complique la vision de l'arbre de l'évolution de l'homme. Des espèces que nous pensions être nos ancêtres il y a encore peu sont brusquement devenues nos défunts cousins. Jusqu'à très récemment, on a pensé que nous étions tous les descendants d'australopithèques, une espèce dont on a trouvé beaucoup de fossiles. Les premières traces des australopithèques datent de – 4 millions

d'années. On connaît aujourd'hui huit espèces différentes, qui ne sont toutefois pas acceptées par tous les chercheurs. Parmi ces huit espèces, il est impossible de déterminer un ancêtre de l'homme. Certains groupes sont proches de nous par leurs caractères liés à la locomotion, d'autres par leurs caractères crâniens et d'autres encore par leur mâchoire.
Vers – 3 millions d'années, des changements climatiques et environnementaux entraînent la disparition des australopithèques et l'émergence des premiers hommes, les *Homo habilis.*

L'émergence du genre Homo

Les plus anciens représentants du genre *Homo*, les *Homo habilis* et les *Homo rudolfensis*, apparaissent en Afrique (Tanzanie, Kenya, vallée de l'Omo, Afrique du Sud) il y a – 2,7 millions d'années, alors que des changements climatiques importants ont lieu : la formation de la calotte glaciaire arctique entraîne une sécheresse en Afrique, ce qui provoque le recul des forêts. *Homo habilis* évolue aux côtés des paranthropes, descendants des lignées d'australopithèques. Il possède une boîte crânienne plus arrondie, une réduction de l'appareil masticateur et de la face, de petites canines, et une bipédie quasi exclusive. C'est avec *Homo habilis*, qu'apparaît l'individu capable de concevoir et de réaliser l'outil. Les plus anciens outils connus proviennent de la vallée de l'Omo, dans le rift éthiopien. Ce sont des galets aménagés qu'*Homo habilis* utilise pour dépecer les animaux morts. Ces outils de pierre fabriqués sont les premières manifestations de la pensée réfléchie, et ils améliorent les conditions de vie et l'alimentation d'*Homo habilis.* Sa nourriture est plus riche en protéines, ce qui conduit à accélérer son évolution, en particulier l'augmentation de la taille de son cerveau.
Pour certains anthropologues, le mode de vie des *Homo habilis* est encore trop proche des arbres, et leur silhouette bien différente de celle des hommes plus récents, pour les considérer comme les premiers représentants du genre *Homo. Homo rudolfensis* est plus corpulent et possède un gros cerveau, des mâchoires plus puissantes. Bien qu'il soit peu connu, on pense que sa bipédie devait être plus évoluée que celle d'*Homo habilis*, ce qui en fait un bon candidat au premier représentant du genre *Homo*. Les deux espèces disparaissent vers – 1,3 million d'années.

Les premiers voyageurs

Apparaît alors, sur la scène de l'évolution des hommes, l'*Homo ergaster*, qui possède des caractéristiques qui le rapprochent beaucoup de l'homme moderne. Sa taille est plus importante, c'est un bipède exclusif, et il possède une boîte crânienne bien arrondie qui domine la face. Sa bonne adaptation à la marche bipède et à la course

Les plus anciens représentants du genre *Homo* apparaissent en Afrique il y a 2,7 millions d'années.

lui permet de parcourir de grandes distances et il va progressivement occuper une partie de l'Asie et de l'Europe, probablement en suivant ses proies au gré des changements climatiques. C'est un chasseur averti. De nouveaux outils plus sophistiqués que ceux d'*Homo habilis* lui permettent d'adopter un régime alimentaire contenant beaucoup plus de viande. Les *Homo ergaster* installés en Asie sont probablement à l'origine des *Homo erectus* qui ont peuplé ce continent.
Le corps et les proportions des membres d'*Homo erectus* ont beaucoup de similitudes avec ceux de l'homme moderne. Ce nouvel homme se tient droit, c'est un bipède dont l'allure générale et la démarche ne sont pas très différentes de l'homme moderne. *Homo erectus* est un cueilleur de fruits et de racines. Il est aussi charognard, mais sa principale ressource en viande reste la chasse. Au fil des millénaires, il améliore ses techniques de taille des pierres et étend la gamme des outils : il a réalisé les premiers bifaces et hachereaux. Il peut également confectionner des lieux de vie, avec des branchages recouverts d'un revêtement de feuilles et de peaux de bêtes. *Homo erectus* est le premier homme à avoir domestiqué le feu. Grâce à lui, ses conditions de vie s'améliorent encore, il peut cuire les aliments et utiliser le feu pour se protéger du froid ou des prédateurs.
Trois grandes populations d'*Homo erectus* se partagent la Terre il y a 800 000 ans. L'une est installée en Afrique, une autre en Asie, et une troisième en Europe. Les hommes de Neandertal apparaissent il y a environ 300 000 ans. Ils semblent être issus du « métissage » de différentes formes d'*erectus* africains ou asiatiques. Neandertal a un visage différent de celui de l'homme moderne. Le crâne apparaît plus bombé au niveau du front, le visage est plus large et accentué par un front fuyant et un menton presque absent. Le corps des néandertaliens présente de très fortes adaptations au froid. La charpente osseuse est robuste, les os des membres ont une paroi épaisse et sont légèrement incurvés. Les hommes de Neandertal utilisent pour la chasse de lourds épieux en bois garnis de pointes en pierre ou bien durcis par le feu à leur extrémité. C'est probablement lui qui adopte les premiers rites funéraires. Neandertal a habité l'Europe avant de disparaître il y a 28 000 ans environ. Lors de leurs voyages au Moyen-Orient, les néandertaliens rencontrent d'autres hommes, les prédécesseurs directs des hommes de Cro-Magnon, appelés les proto-Cro-Magnon, ou encore *Homo sapiens* du Proche-Orient.

L'origine de l'homme moderne

Sapiens et Neandertal ont des cultures assez proches et de nombreux points communs, comme la chasse et les autres moyens de subsistance. Si on a peu d'indices sur la nature de la cohabitation entre les deux espèces, il n'est pas difficile d'imaginer qu'elles sont entrées en concurrence. Pour autant, rien ne prouve que ce soit la cohabitation avec *sapiens* qui ait entraîné la disparition de Neandertal. Une conjonction de facteurs a dû influer : un isolement des populations, une alimentation irrégulière, une natalité faible et une mortalité plus forte, accentuée par des combats avec *sapiens*.

La théorie du Totem monocentriste, encore appelée Out of Africa, suppose que les *Homo sapiens* sont nés en Afrique vers – 200 000 ans. C'est aujourd'hui la théorie sur l'origine de l'homme moderne qui fait consensus. Ces populations ont progressivement remplacé les différentes lignées d'*Homo erectus* présentes en Asie, en Europe et en Afrique. Biologiquement et intellectuellement mieux armées que leurs prédécesseurs, elles s'imposent dans des environnements très diversifiés et trouvent des solutions aux problèmes qu'elles rencontrent. C'est cette population d'*Homo sapiens* qui va repartir à la conquête de l'Asie et de l'Europe. Lors de cette troisième grande migration humaine, *Homo sapiens* supplante les populations archaïques restantes, à savoir les descendants d'*Homo erectus* et les populations néandertaliennes. Il trouve même les moyens de s'installer sur des territoires encore inexplorés, l'Australie et l'Amérique.

À RETENIR

- Entre – 10 et – 6 millions d'années, il y a séparation de la lignée humaine, les homininés, et de la lignée des chimpanzés, les paninés. C'est la séparation la plus récente entre l'homme et une des lignées de singes.

- Les premières traces des australopithèques datent de – 4 millions d'années. On en dénombre huit espèces différentes, mais il est impossible de déterminer laquelle est l'ancêtre de l'homme.

- Les plus anciens représentants du genre *Homo*, les *Homo habilis* et les *Homo rudolfensis*, apparaissent en Afrique il y a 2,7 millions d'années. Leur succède *Homo ergaster* qui est le premier homme à s'installer sur d'autres continents. Il est à l'origine des peuplements d'*Homo erectus* en Asie.

- Le corps et les proportions des membres d'*Homo erectus* ont beaucoup de similitudes avec ceux de l'homme moderne. Trois grandes populations d'*Homo erectus* se partagent la Terre il y a 800 000 ans. L'une est installée en Afrique, une autre en Asie, et une troisième en Europe.

- L'hypothèse de l'Out of Africa suppose que les *Homo sapiens* sont nés en Afrique vers – 200 000 ans. C'est aujourd'hui la théorie sur l'origine de l'homme moderne qui fait consensus.

De la bactérie à l'homme

Depuis l'apparition de la première cellule vivante aux formes de vie actuelles, l'évolution a engendré une incroyable diversité. La lecture des fossiles a permis de reconstituer des parties de ce long procédé évolutif qui s'est dessiné au gré des bouleversements climatiques terrestres.

Il y a près de 4 milliards d'années, la chimie de la vie se met en place dans les océans. Les premières formes de vie qui apparaissent à la suite de l'évolution chimique datent d'environ 3,6 milliards d'années. Ces premiers organismes procaryotes vivent probablement dans un milieu chaud, près des sources hydrothermales. Ils puisent leur énergie dans les molécules du milieu qui les entourent, et par des réactions de fermentation.

L'atmosphère s'enrichit en oxygène

Certaines bactéries ont ensuite développé des moyens de récupérer l'énergie du rayonnement solaire, c'est l'apparition de la photosynthèse par les cyanobactéries. Ces dernières disposent de pigments chlorophylliens et mettent en place les photosystèmes. Par une succession de réactions, elles sont capables de synthétiser du glucose. À partir de ce moment, de tels organismes sont complètement indépendants d'une source de nourriture dans le milieu, ce sont des organismes autotrophes (qui produisent de la matière organique) qui peuvent alors coloniser l'ensemble des océans. Ce sont aussi les fournisseurs d'énergie pour tous les organismes qui ne font pas de photosynthèse et qui dépendent des autres pour se nourrir, les hétérotrophes. Les cyanobactéries sont à l'origine des premiers fossiles en raison leur activité métabolique. Ce sont les stromatolites, les premiers édifices dits bioconstruits. Ces édifices se présentent sous l'aspect de monticules, généralement composés d'éléments en forme de champignons ou de colonnes, ces fossiles sont datés de 3,4 à 3,5 milliards d'années. Les bactéries photosynthétiques envahissent toutes les eaux peu profondes, là où elles peuvent capter les rayons du soleil.

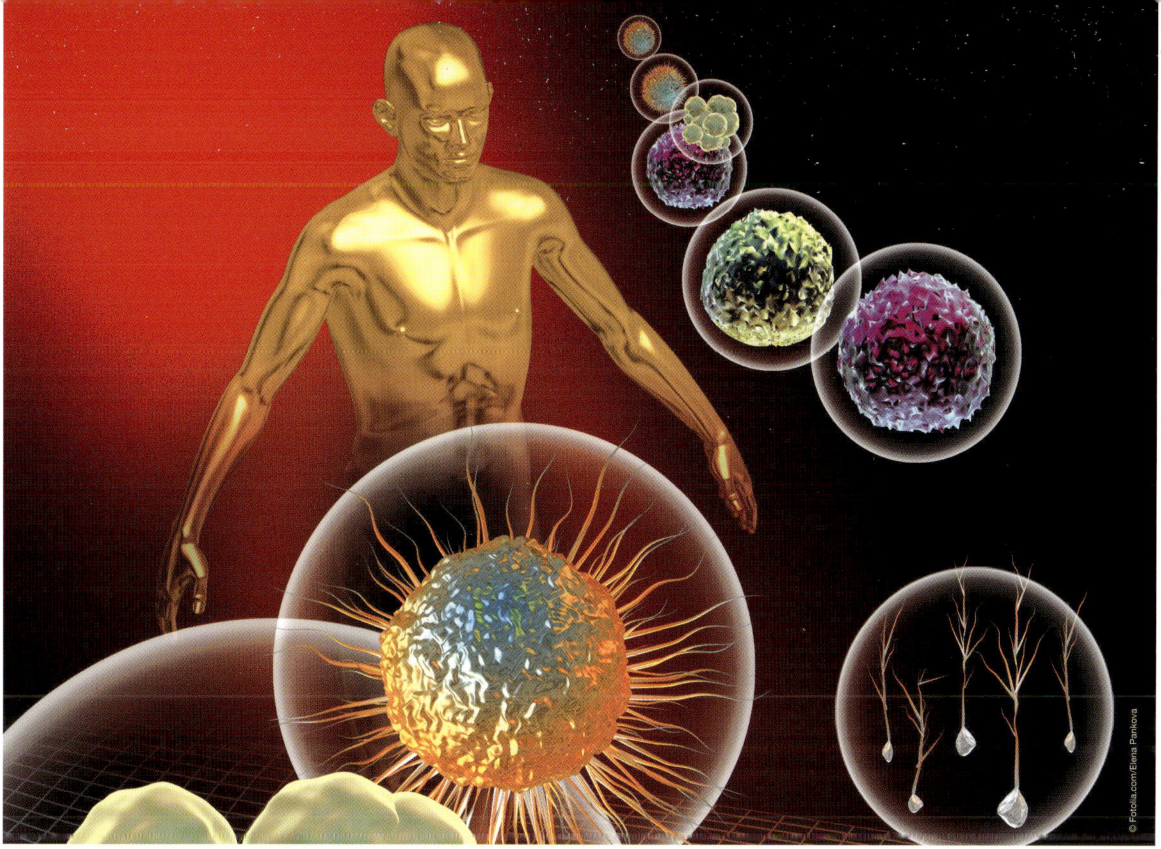

Environ 3,8 milliards d'années séparent les premières bactéries des premiers hommes.

La photosynthèse produit néanmoins un déchet très toxique pour les autres organismes : l'oxygène. La concentration d'oxygène a graduellement augmenté dans le milieu naturel et la plupart des organismes anaérobies ont été décimés. D'autres organismes vont parallèlement développer la chaîne respiratoire, qui neutralise l'oxygène, et ils vont devenir de plus en plus dépendants des organismes autotrophes pour leur nourriture. Alors que l'atmosphère s'enrichit en oxygène, elle s'appauvrit en dioxyde de carbone. Dans l'atmosphère, l'oxygène subit l'action des rayonnements ultraviolets et se transforme en partie en ozone. Ainsi se forme peu à peu une couche d'ozone dont la particularité est de bloquer une grande partie des rayonnements nocifs du soleil. Les organismes de l'époque sont tous des procaryotes (organismes unicellulaires). Certains procaryotes ont perdu leur paroi, grandi et développé des réseaux membranaires de plus en plus spécialisés. Ils se sont associés, combinés avec d'autres procaryotes par endosymbiose et ont ainsi formé les premières cellules eucaryotes, il y a environ 2,6 milliards d'années. Ces êtres vivants ne sont alors constitués que d'une seule cellule, comme les procaryotes, mais celle-ci est plus grosse et possède un noyau qui isole le matériel héréditaire.

L'explosion de la vie pluricellulaire

Les premiers eucaryotes, les protistes, se réunissent en colonies et vont progressivement former les premiers métazoaires ou organismes pluricellulaires. On a longtemps pensé que les premiers vrais organismes pluricellulaires dataient d'environ 700 millions d'années. Une grande diversité de formes fossiles datant de cette période a été retrouvée par l'homme. Mais on sait depuis juillet 2010, que leur apparition est bien antérieure. La récente découverte d'Abderrazak El Albani, maître de conférence à l'université de Poitiers et géologue au laboratoire Hydrasa, fait remonter l'apparition des organismes pluricellulaires à environ 2,1 milliards d'années. Lors de l'annonce de cette découverte, la communauté scientifique est restée incrédule, car cela remet en cause des dizaines d'années de certitudes sur l'histoire évolutive des formes de vie. Ce qui est en revanche certain, c'est qu'il y a environ 600 millions d'années, les formes de vie pluricellulaires ont réellement pris un tournant, et se sont développées partout sur la planète. À Ediacara en Australie, on trouve des fossiles d'organismes pluricellulaires très diversifiés datant de cette période. Les tissus commencent à être réellement spécialisés, et l'on voit l'apparition de cellules nerveuses et de cellules digestives.

Ce type de faune disparaît vraisemblablement à la limite Précambrien-Cambrien, c'est-à-dire il y a quelque 542 millions d'années. S'ensuit la radiation évolutive du Cambrien, également appelée révolution cambrienne. On trouve dans cette période les premiers mollusques et gastéropodes, alors que les plus anciens arthropodes, les trilobites n'apparaissent que vers – 530 millions d'années. La radiation cambrienne du monde animal s'accompagne d'une aptitude nouvelle, celle d'utiliser les éléments chimiques du milieu extérieur pour l'élaboration de squelettes minéralisés, c'est-à-dire de structures dures de soutien ou de protection. C'est la naissance des exosquelettes, ou squelettes externes, et plus tard des squelettes internes. Vers – 500 millions d'années, tous les embranchements des animaux actuels sont présents, même si les animaux du Cambrien sont cantonnés dans le milieu aquatique.

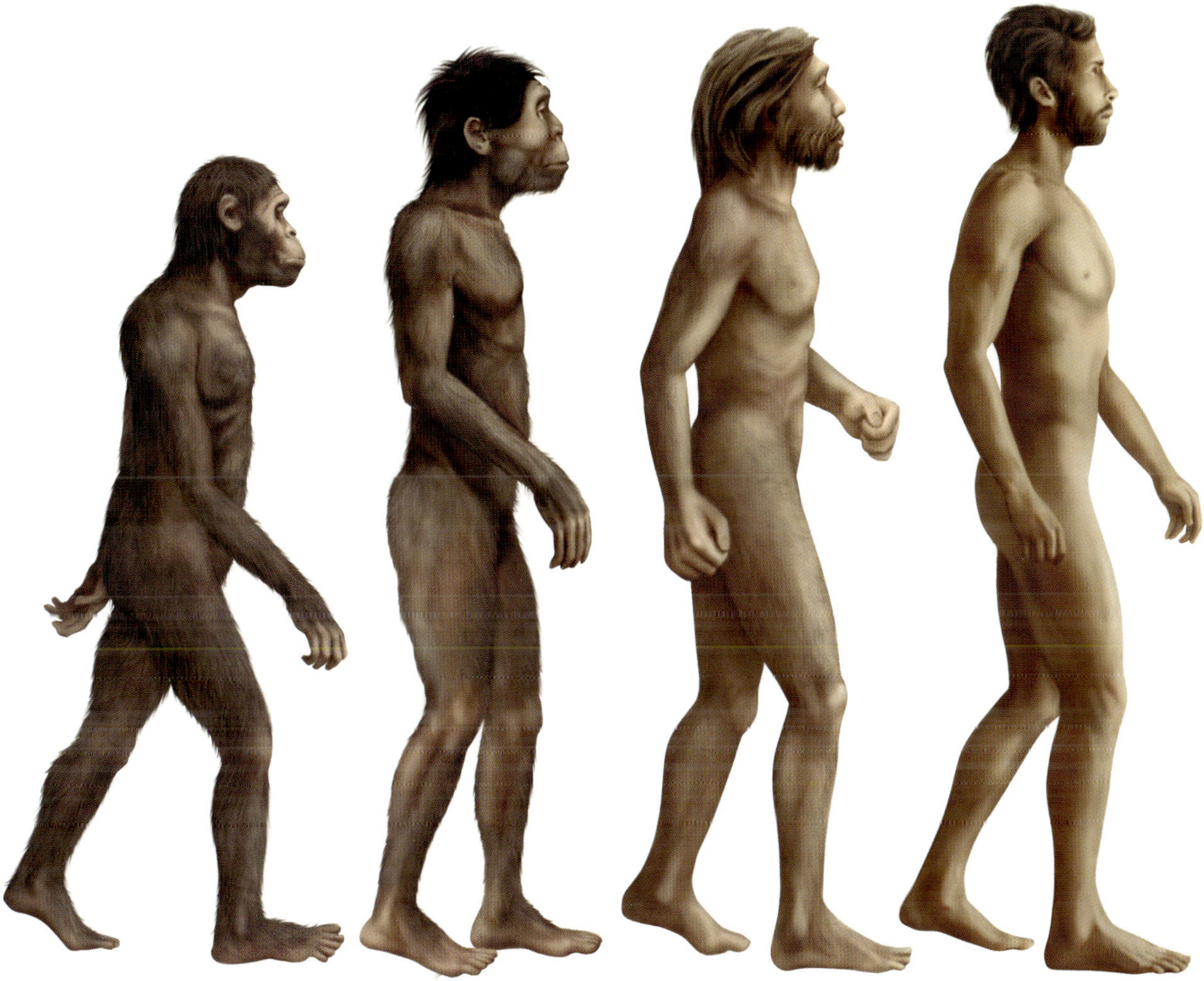

L'évolution n'a eu de cesse de créer des formes de vie différentes et adaptées à leurs milieux.

La sortie des eaux

Les premiers êtres vivants à coloniser les continents seront des végétaux. Quelques algues et lichens arrivent à survivre à la surface des rochers qui bordent les océans, il y a environ 460 millions d'années. La première plante vasculaire connue est appelée Cooksonia. Elle ne possède ni feuilles ni fleurs et est essentiellement constituée d'un faisceau de tiges droites et fourchues à leur sommet. En quelques millions d'années, la flore va se complexifier et gagner en hauteur. Les déserts se couvrent d'un tapis végétal où peuvent s'épanouir des arthropodes qui se délectent de cette nouvelle végétation. Au Silurien (entre – 435 et – 410 millions d'années), mille-pattes, acariens et arachnides s'aventurent sur les continents. L'arrivée sur la terre ferme de nombreuses espèces d'arthropodes va conditionner la sortie des eaux d'espèces plus grandes, les premiers vertébrés terrestres, prédateurs des petits arthropodes. Le tiktaalik est un des plus anciens parents connus des tétrapodes. *Acanthostega* puis *Ichthyostega* vont progressivement s'affranchir du milieu aquatique, bien que leur mode de vie, et notamment la reproduction, dépendent encore de l'eau. Au Permien, *Ichthyostega*, fait le lien entre les poissons et les amphibiens. Son squelette s'est adapté à la vie terrestre, il permet de lutter avec efficacité contre la pesanteur. Sa surface musculaire est renforcée et les articulations de ses membres permettent au tronc de se surélever, sans perte d'énergie inutile, au-dessus du sol. Quelques millions d'années plus tard, les amphibiens se développent autour des zones humides. Ils sont moins dépendants à l'élément liquide, qui ne devient indispensable que pour la reproduction. Les reptiles, qui arrivent ensuite, s'affranchissent totalement de l'eau. Leurs écailles et surtout l'invention de l'œuf leur permettent d'explorer de nouvelles niches écologiques.

À la fin du Permien, les continents se sont rassemblés en une seule masse continentale, la Pangée. Le centre de cet énorme continent s'est rapidement desséché, formant de grandes zones désertiques. Les niches écologiques ont donc été considérablement réduites. Plus de 80 % des espèces marines périssent, une grande partie des vertébrés terrestres est également décimée. La majorité des fougères disparaît pour laisser place aux conifères. Chez les animaux, seuls les homéothermes (ancêtres des mammifères et oiseaux) ne sont pas affectés. Les arthropodes géants disparaissent.

Des premiers mammifères à l'homme moderne

Après cette crise permienne, c'est une époque de grande diversification. Les reptiles se divisent notamment en dinosauriens et en reptiles mammaliens. La Pangée se sépare en deux grands continents, la Laurasie et le Gondwana. Les thérapsides, issus des reptiles mammaliens, évoluent rapidement en mammifères dès le Trias. Parmi les dinosauriens, un groupe, les ornithoschiens, donne naissance aux oiseaux, au cours du Crétacé. À la fin du Crétacé, il y a 65 millions d'années, une catastrophe naturelle provoquée par une météorite conjuguée avec un fort volcanisme, provoque la disparition brutale de nombreux embranchements, en particulier des dinosaures. Suite à cette crise, les mammifères, ayant peu évolué depuis leur apparition, se diversifient rapidement, avec la formation des marsupiaux et des placentaires. Marsupiaux et placentaires cohabitent mais la séparation de l'Australie avec le reste des continents modifie les réseaux écologiques. Les marsupiaux dominent les autres mammifères en Australie tandis que sur les autres continents ce sont les placentaires qui supplantent les marsupiaux. Le groupe des primates apparaît il y a environ 55 millions d'années. Au Quaternaire, ils donnent naissance à la lignée humaine dans des circonstances qui demeurent encore floues. La bipédie et l'augmentation de la taille du cerveau sont les deux évolutions majeures. Il y a 2 millions d'années, les *Homo habilis* fabriquent les premiers outils taillés. Et il y a seulement 200 000 ans *Homo sapiens*, l'homme moderne, apparaît et développe les sépultures et l'art.

À RETENIR

- Trois théories scientifiques majeures expliquent l'apparition de la vie. On pense que celle-ci remonte à environ 3,5 à 3,8 milliards d'années.

- Suite à la mise en place d'une atmosphère riche en oxygène et de la couche d'ozone, les conditions sont réunies pour une nouvelle étape de l'histoire de la vie : l'apparition du mécanisme de la respiration.

- L'explosion cambrienne coïncide avec l'apparition de tous les embranchements actuels, même si les animaux du Cambrien sont cantonnés dans le milieu aquatique.

- C'est à la fin du Silurien que l'on a la preuve de l'existence d'un nombre important de petits arthropodes terrestres qui ont suivi de près la conquête des continents par les plantes. L'arrivée d'arthropodes sur la terre ferme va conditionner la sortie des eaux des premiers vertébrés terrestres.

- Apparus en même temps que les plus anciens dinosaures au Trias inférieur, les premiers mammifères sont des animaux de très petite taille. Après la disparition des dinosaures, les mammifères vont connaître une radiation adaptative.

- Parmi les mammifères, vont se différencier les primates, qui eux-mêmes donneront naissance à la lignée humaine.

Les extinctions d'espèces

La vie sur Terre est jalonnée de crises majeures qui ont entraîné des extinctions massives d'espèces. En cause, les caprices de la planète et des modifications climatiques significatives. Mais depuis quelques siècles, un autre facteur est à l'origine de disparitions massives : l'homme.

Tout au long de l'histoire de la vie, les êtres vivants ont un double impératif : se nourrir et se reproduire. La survie d'un être vivant exige une adéquation de sa morphologie et de sa physiologie à son environnement pour exploiter au mieux les ressources de son habitat. La survie d'une espèce dépend d'un équilibre fragile. Des éléments comme le climat, ou une variation de la nourriture, en quantité ou en qualité, peuvent entraîner une rupture de cet équilibre et remettre en cause la survie de l'espèce.

Migrer, s'adapter ou mourir

Sur une histoire évolutive qui se déroule sur des centaines de millions d'années, la planète n'a cessé de « jouer » avec les formes de vie qu'elle abrite, au gré des variations climatiques, ou de la modification du niveau des mers. Souvent un réajustement biologique est indispensable. Faunes et flores ont un choix restreint : elles doivent migrer, s'adapter ou mourir. La migration des organismes animaux vivants constitue une option pour retrouver des territoires où persistent des conditions proches de celles des milieux d'origine. C'est le cas des faunes du Quaternaire d'Europe occidentale qui se sont succédé au cours des âges glaciaires. Les périodes de glaciation ont favorisé l'installation d'une faune issue des hautes latitudes, adaptée au froid : rennes, bisons et mammouths. En revanche, les périodes de réchauffement ont vu l'arrivée d'espèces vivant dans des zones plus méridionales : éléphant, hippopotame, où encore différents représentants du genre *Homo*.

S'adapter au nouveau contexte environnemental est une autre réponse des êtres vivants, réponse qui exige une réorganisation des populations. C'est notamment ici qu'intervient la sélection

De nombreuses espèces de poissons sont menacées de disparition à cause de la pêche intensive.

naturclle. Au scin d'unc communauté se perpétue une variabilité génétique que l'on retrouve chez un nombre limité d'individus. En harmonie avec le nouvel environnement, les animaux qui sont avantagés d'une quelconque manière (couleur, corpulence, organes mieux adaptés...) vont progressivement constituer la variété dominante. Un tel mécanisme rend compte de l'évolution des populations et de l'émergence de nouvelles espèces. La dernière issue pour les espèces est l'extinction. Elle touche les animaux et les plantes qui sont incapables de migrer ou de s'adapter aux changements intervenus dans leur environnement. Les migrations, ou l'adaptation, s'effectuent au rythme des temps géologiques, mais le relais d'une espèce par une autre implique des durées de l'ordre du million d'années. Lorsque les faunes et les flores ne parviennent pas à retrouver un nouvel état d'équilibre, elles sont massivement décimées. L'histoire de la vie est ainsi jalonnée par de nombreuses crises biologiques durant lesquelles un nombre considérable d'espèces s'éteignent simultanément à la suite de modifications particulièrement sévères du contexte planétaire. La Terre a connu cinq grandes crises d'extinction d'espèces, suivies de phases d'expansion.

La vie frappée par des crises profondes

La première crise majeure répertoriée est celle de la fin de l'Ordovicien, il y a 445 millions d'années. Une forte période de glaciation engendre une régression marine, soit une baisse du niveau marin. Les surfaces épicontinentales sont mises à nue, restreignant ainsi les écosystèmes qui en dépendent, et mettant à mal la biodiversité qui l'habite. On estime que cette crise provoque la disparition de près de 85 % des espèces existantes. Elle affecte aussi bien des organismes vivants sur le fond des océans, comme les brachiopodes, les échinodermes ou les trilobites, que des formes pélagiques. Son impact sur l'histoire du monde vivant reste cependant relativement limité, dans la mesure où cette crise ne provoque la disparition totale d'aucun grand groupe animal. De ce fait, les faunes qui se sont développées après cette crise, au cours du Silurien, ne sont pas fondamentalement différentes de celles de l'Ordovicien.

Les deux crises les plus importantes à l'échelle planétaire sont la crise du Permien et celle du Crétacé. La première débute par une grande sécheresse sur l'unique continent qui existe à ce moment, la Pangée. Des climats arides se mettent en place et les paysages évoluent en déserts. Vers la fin du Permien, il y a 250 millions d'années, une intense activité volcanique se manifeste. On estime qu'à la fin du Permien, les teneurs en dioxyde de carbone dans l'atmosphère sont trois fois supérieures à celles qui existent de nos jours. L'élévation globale de la température provoque le dégel des régions polaires, et des quantités considérables de méthane, jusque-là prisonnières des glaces, sont libérées dans l'atmosphère. Le rejet massif des gaz à effet de serre contribue à augmenter de 6 à 8 degrés la température moyenne de la Terre.

Des changements climatiques majeurs

Cette généralisation de climats chauds et secs a des conséquences dramatiques pour la vie, à la fois sur les terres émergées et dans les océans. En raison de la sécheresse et du réchauffement excessif, la végétation devient clairsemée. Des feux de brousse et de forêt dévastent régulièrement le couvert végétal. Les animaux herbivores dépérissent et par conséquent les carnivores qui s'en nourrissent. Le monde animal est d'autant

L'ours polaire est menacé d'extinction à cause du réchauffement climatique et de la fonte des glaces.

plus affecté qu'il se trouve confronté à des teneurs en oxygène atmosphérique anormalement basses, inférieures aux valeurs actuelles. C'est la plus grande extinction d'espèces vivantes dans l'histoire de l'évolution sur Terre. S'il est difficile de dresser la liste des extinctions, les scientifiques s'accordent à dire que cette crise correspond à une véritable hécatombe : en mer, entre 85 et 96 % des espèces ont disparu. Sur terre, on avance les chiffres de 70 à 77 % des familles de vertébrés terrestres comme n'étant plus représentées après la crise, et 63 % de diminution du nombre des familles d'insectes représentées. La flore se réduit dans des proportions comparables, laissant subsister essentiellement des espèces de conifères. Si la crise de la limite Permien-Trias possède le titre de crise la plus forte jamais enregistrée, celle du Crétacé-Tertiaire possède sans conteste celui de crise la plus célèbre. Cette représentation a plusieurs causes. Car les origines de cette crise du Crétacé-Tertiaire, qui est aussi la cause de la disparition des dinosaures, font encore débat (météorite, volcanisme…). Par ailleurs, de nombreuses autres catégories d'organismes ont été touchées. On estime que 76 % des espèces marines alors à la surface de la planète se sont éteintes entre le Crétacé et le Tertiaire.

Lors de ces crises d'extinctions massives, la dynamique de l'évolution a toujours permis de les compenser, et après plusieurs dizaines de millions d'années, d'accroître le nombre total de familles que compte la Terre. Ainsi, au final, la perte de diversité liée à une vaste extinction conduit à une régression du vivant, mais seulement pour 10 à 15 millions d'années. Le temps nécessaire à la planète pour se réorganiser.

La sixième crise d'extinction est en marche

Il pourrait en être autrement de la sixième crise massive d'extinction qui est en train de débuter, comme le confirment en mars 2010 des scientifiques américains dans la revue *Nature*. Ils estiment qu'au rythme de destruction actuel, il ne faudrait pas plus de quelques siècles pour que les trois-quarts des espèces disparaissent. Jusqu'à présent, des catastrophes ou phénomènes naturels ont toujours été la cause des extinctions massives. Cette fois, la menace est directement liée aux activités humaines. La liste est longue : destruction des écosystèmes, surexploitation des ressources naturelles, dissémination de microbes et virus, introductions accidentelles ou inconsidérées d'espèces dans un nouveau milieu, réchauffement climatique… Pour illustrer ce danger, des paléobiologistes de l'université de Californie à Berkeley ont passé en revue la situation de la biodiversité actuelle, en utilisant notamment comme témoin les mammifères, la classe d'animaux la plus connue à ce jour. Au cours des 500 dernières années, au moins 80 des 5 570 espèces de mammifères recensées ont disparu. Cela peut paraître faible, mais quand on considère la vitesse à laquelle les choses se produisent habituellement à l'échelle géologique (deux extinctions par million d'années selon leurs calculs), c'est un rythme beaucoup plus rapide.

Le rythme d'extinction actuel ressemble à s'y méprendre à celui des crises massives d'extinction du passé. Un constat alarmant, conforté par la « liste rouge » des espèces menacées, avancée par l'Union internationale pour la conservation de la nature (UICN). Si toutes les espèces classées sur cette liste comme « en danger critique d'extinction », « en danger » ou « vulnérables » s'éteignent d'ici la fin du XXIe siècle et que les extinctions se poursuivent au même rythme, plus des trois-quarts des espèces de mammifères auront disparu d'ici 334 ans, et moins de 250 ans pour les amphibiens. Selon les paléontologues californiens, une rapide prise de conscience est nécessaire pour enrayer cette sixième crise d'extinction, qui se déroulerait sur une période incroyablement courte. Dans le cas contraire, la reconstitution de la biodiversité ne se fera pas sur une échelle de temps à taille humaine. Il faudrait alors des millions d'années à la biodiversité pour récupérer.

À RETENIR

- Une extinction massive est un événement au cours duquel une proportion significative des espèces animales et végétales présentes sur la Terre disparaît.

- La Terre a connu cinq grandes crises d'extinction d'espèces pendant les temps géologiques. La première crise majeure répertoriée est celle de la fin de l'Ordovicien, il y a 445 millions d'années. Les deux crises les plus importantes à l'échelle planétaire sont la crise du Permien et celle du Crétacé.

- Lors de ces crises d'extinctions massives, la dynamique de l'évolution a toujours permis de les compenser. Elles ont toutes été suivies de phases d'expansion ou périodes de rediversification de la biodiversité.

- La sixième crise massive d'extinction est en marche du fait de l'activité humaine. Les scientifiques estiment qu'au rythme de destruction actuel, il ne faudrait pas plus de quelques siècles pour que les trois-quarts des espèces disparaissent.

- Une rapide prise de conscience est nécessaire pour enrayer cette sixième crise d'extinction, qui se déroulerait sur une période incroyablement courte.

Quel futur pour l'évolution ?

L'apparence des organismes vivants, végétaux comme animaux, a beaucoup évolué au cours des temps géologiques. Des adaptations sont apparues de façon aléatoire avec les mutations des gènes et sous la pression de l'environnement. Quel visage donnera l'évolution aux futurs êtres vivants ?

Aujourd'hui, il est surtout question des espèces qui disparaissent, mais est-il raisonnable d'imaginer que de nouvelles espèces puissent apparaître ? La permanence d'un certain taux de mutations, spontanées ou provoquées par des mutagènes « naturels », joue certainement un rôle important dans le maintien de la diversité intraspécifique : ce mécanisme améliorerait les espèces actuelles et assurerait leur pérennité. Par ailleurs, il existe d'autres sources de variabilité, comme le transfert de gènes d'un organisme à un autre par des virus ou des plasmides. Malgré l'énorme quantité de connaissances accumulées par les naturalistes, les espèces vivant actuellement sont loin d'être toutes répertoriées, et de nombreuses régions restent pratiquement inexplorées. Aussi, lorsqu'on rapportera l'existence d'une nouvelle espèce, s'agira-t-il de la découverte d'une espèce préexistante ou d'une espèce nouvellement apparue ? Des analyses phylogénétiques, en établissant la nature primitive ou dérivée des caractères de l'espèce, apporteront la réponse à cette question. Dans le cas de l'homme, les scientifiques affirment qu'il continuera d'évoluer dans les prochains millénaires.

Les évolutions d'*Homo sapiens*

Si aucun d'entre eux ne peut aujourd'hui affirmer comment notre espèce va évoluer, presque tous les scientifiques s'accordent sur le fait qu'elle va continuer d'évoluer. Toute espèce naît, évolue, se diversifie et disparaît, l'espèce humaine n'échappera pas à la règle. Si physiquement nous avons peu évolué, lorsqu'on compare des squelettes modernes et à ceux de Cro-Magnon, notre génome et celui de notre ancêtre présentent des différences manifestes. Non seulement *Homo sapiens* a fait quelques remaniements génétiques

La durée de vie d'une espèce est estimée à 1 ou 2 millions d'années. L'homme est donc voué à disparaître.

importants depuis que notre espèce a émergé, mais le taux d'évolution du génome humain n'a cessé d'augmenter. Selon une étude américaine, l'être humain a subi cent fois plus de mutations génétiques dans les derniers 10 000 ans que depuis la séparation de la branche humaine de celles des autres grands singes, il y a six millions d'années environ. L'essentiel de notre évolution a consisté en un redressement du corps, qui a favorisé le développement de notre cerveau. Notre squelette et notre musculature se sont affinés. Notre crâne est plus large et plus court que celui de nos ancêtres. Dans le futur, le développement du crâne avec un cerveau de plus en plus volumineux devrait se poursuivre, mais dans des proportions limitées. La taille de notre cerveau est en effet très dépendante de notre stature et donc les deux doivent évoluer de manière conjointe. Ensuite la taille du cerveau est contrainte par la capacité du bébé à passer par le bassin de sa mère lors de l'accouchement.

Le futur visage de l'Homme

Concernant l'anatomie du cerveau en lui-même, nul ne sait si notre espèce connaîtra un hyper développement cérébral. Le cortex qui sert à la réflexion représente environ 15 % du cerveau. Le reste sert à la perception et au fonctionnement global du cerveau. Toute l'évolution va dans le sens d'une organisation de plus en plus complexe du cerveau, et l'intelligence fait partie de ce processus. L'émergence de la conscience humaine en cours depuis 2,5 millions d'années n'est peut-être pas terminée.

L'homme a vu sa taille augmenter sensiblement lors des derniers siècles. Cette évolution s'explique plus par une adaptation, grâce à une nourriture plus riche, que par une évolution génétique. Elle peut se poursuivre, mais dans certaines limites. D'un point de vue mécanique et osseux notre taille est limitée par des contraintes de locomotion et de structure. Une trop grande taille est contre-productive et ce caractère n'apporte aucun avantage. Une hauteur moyenne de 1,85 mètre semble être le maximum non handicapant. On peut néanmoins penser que sous l'effet de la bipédie, nos membres postérieurs vont devenir plus droits, plus solides.

Pour Henry de Lumley, préhistorien qui a dirigé de nombreux chantiers de fouilles archéologiques et pour le Muséum national d'histoire naturelle, nos membres antérieurs, ne servant plus aux tâches de locomotion, seront peut-être amenés à se raccourcir. En revanche nos pouces vont s'allonger, et permettront d'avoir des gestes plus précis. Il est fort probable que notre mâchoire et nos dents se modifient également, en devenant plus petites.

Une évolution « cachée »

L'évolution génétique de l'homme est soumise à des contraintes, mais dépend également de trois conditions qui doivent êtres réunies : les mutations génétiques, la sélection naturelle des mutations qui apportent un avantage à son propriétaire, et l'isolement géographique d'une population permettant aux caractères de se reproduire rapidement. Si les mutations génétiques sont toujours présentes, la sélection naturelle est souvent contrecarrée par les avancées techniques et médicales, et l'isolement géographique n'existe plus que pour quelques tribus ou populations spécifiques. L'homme est devenu le maître de son évolution, car il peut modifier tous les facteurs de son environnement. Les procréations médicalement assistées et les nouvelles molécules pharmaceutiques modifient le processus de la sélection naturelle. Mais l'homme ne pourra jamais s'affranchir totalement de son milieu naturel.

Dans 100 millions d’années, la Terre sera une planète étouffante, où l’homme aura disparu.

Le processus de mutations et de sélection naturelle est toujours fonctionnel, même s'il n'est pas perceptible. Sans que l'on s'en rende compte, certaines mutations affectent les hommes et améliorent leur survie, ou lui donnent un véritable avantage pour sa reproduction.

Une étude a permis de mettre en lumière une mutation génétique appelée « delta 32 » qui procure à son porteur une meilleure résistance au virus du VIH, responsable du sida. Cette mutation se retrouve chez 13 % des Européens et est extrêmement rare en Afrique. Les chercheurs prédisent donc que la mutation delta 32 va certainement devenir beaucoup plus fréquente dans les populations très infectées par le VIH comme l'Afrique, particulièrement s'il n'y a pas d'avancée significative dans le traitement du sida. Ainsi des mutations continuent de se produire chez l'homme sans qu'on ne le soupçonne. Mais nous sommes beaucoup trop nombreux pour que quelques manipulations isolées aient un réel impact sur notre évolution. Les mutations génétiques peuvent être diluées sans vraiment se développer. Il y a 2000 ans, la population mondiale était d'environ 250 millions d'hommes. Le chiffre de sept milliards d'hommes sur Terre au XXIe siècle illustre bien l'augmentation exponentielle du nombre d'hommes depuis le début de notre ère. Il est presque impossible de prévoir l'émergence d'une nouvelle espèce dans les conditions actuelles.

Un monde sans l'Homme

À quoi ressembleront les animaux qui peupleront la Terre dans plusieurs millions d'années ? Difficile de se prononcer. Mais dans la mesure où l'évolution est une continuité de structure, de plan d'organisation, les morphologies ne vont pas changer énormément. On peut imaginer que les animaux du futur ressembleront à des animaux qui ont déjà existé. Ce sont les animaux adaptés à leurs milieux et qui trouveront beaucoup de proies qui se développeront le plus. En outre, la durée de vie d'une espèce est estimée entre 1 et 2 millions d'années. L'homme ne sera pas capable de s'adapter à de nouvelles conditions de vie. Tous les changements climatiques globaux, la disparition des ressources, l'augmentation des populations feront qu'il y aura un krach des populations humaines.

Car comme l'évolution s'est souvent décidée au gré des fluctuations climatiques, les conditions de vie vont beaucoup évoluer dans les millions d'années à venir. Dans 5 millions d'années, la Terre connaîtra une longue période glaciaire. Les êtres humains auront disparu et l'eau douce du monde sera enfermée dans les glaces énormes qui atteindront Paris, pour l'hémisphère nord, et Buenos Aires, pour l'hémisphère sud. Aux abords de la glace, les animaux se seront adaptés aux hivers froids, à l'instar de félins à grosses fourrures. Dans les tropiques, la forêt aura pratiquement disparu, remplacée par la savane sèche. Dans 100 millions d'années, après un réchauffement progressif, la glace aura fondu. Les volcans auront craché des gaz à effet de serre et la Terre se sera muée en une planète étouffante, torride, humide. L'atmosphère sera riche en dioxyde de carbone et en oxygène. Les animaux devront s'adapter à la chaleur humide. Les insectes auront connu une croissance énorme et retrouveront les tailles qu'ils avaient au Carbonifère : des insectes volants, parfois de plusieurs mètres d'envergure. Les plus grosses créatures ayant jamais existé sur la Terre pourraient apparaître. Mais le phénomène de réchauffement va s'emballer, avec d'énormes éruptions volcaniques. La plupart de la vie sera anéantie, laissant un monde stérile et vide. Dans 200 millions d'années, après l'extinction de masse, quelques formes de vie auront survécu. Elles auront évolué en créatures très différentes de celles que nous connaissons aujourd'hui, des créatures au-delà de notre imagination. La lente dérive des continents dans le monde entier aura finalement amené les masses en un seul super-continent, la Pangée 2, et la surface du monde sera recouverte d'un immense océan. Quelle nouvelle vie va évoluer dans cet océan ? L'homme n'a pas la réponse.

À RETENIR

- Chez l'homme, le développement du crâne avec un cerveau de plus en plus volumineux va se poursuivre, mais dans des proportions très limitées. Sous l'effet de la bipédie, nos membres postérieurs vont devenir plus droits, plus solides.

- Les mutations génétiques sont toujours présentes chez l'homme, mais elles sont de moins en moins sélectionnées par l'environnement, grâce aux innovations techniques et médicales. Plusieurs études montrent que l'homme continue d'évoluer de façon « cachée », et évoluera toujours dans le temps.

- La durée de vie d'une espèce est estimée à 1 ou 2 millions d'années. L'homme tel qu'on le connaît aujourd'hui est donc amené à disparaître.

- Dans 100 millions d'années, l'homme aura disparu et les animaux auront considérablement changé, gagnant vraisemblablement en taille. Les insectes retrouveront les tailles qu'ils avaient au Carbonifère : des insectes volants de plusieurs mètres d'envergure.

- Il est difficile de prévoir comment auront évolué les formes de vie dans 200 millions d'années. L'homme ne peut pas prévoir l'aspect des futurs animaux terrestres et aquatiques.

Les leçons de l'évolution

Le monde qui nous entoure découle d'un long procédé évolutif. L'histoire de la vie sur Terre débute il y a 4,5 milliards d'années avec la formation de la planète. La vie apparaît lorsque les conditions permettent de donner naissance à des molécules organiques capables de réplication. La première manifestation de la vie est d'abord celle d'un monde microbien, apparu il y a environ 3,8 milliards d'années. Pendant les trois milliards d'années qui suivent, le microbe reste le principal acteur vivant à façonner la Terre, grâce notamment à la photosynthèse des bactéries, qui va progressivement enrichir notre planète en oxygène, et permettre l'explosion des formes de vie. L'association de communautés microbiennes permet par la suite l'émergence de ces cellules à noyau, qui vont se différencier en tissus et en organes. Ce processus va déboucher sur l'expansion explosive des animaux et des végétaux. Les dates d'apparition d'organismes plus élaborés, les premiers eucaryotes, puis les premiers pluricellulaires, ne reposent encore sur aucune certitude. Depuis l'ère primaire, il y a 540 millions d'années, toute l'histoire de la biodiversité se résume à des innovations dictées par la tendance qu'a la vie à explorer et conquérir de nouveaux espaces pour s'alimenter et se reproduire. Les océans, les continents, puis les airs sont progressivement et durablement colonisés par les êtres vivants. Pour autant, loin d'être une progression linéaire, l'histoire de la vie est à plusieurs reprises bouleversée par des crises biologiques majeures qui annoncent l'extinction d'un très grand nombre d'espèces. Fort heureusement, elles laissent place à des périodes de renaissance où la vie reprend ses droits et donne naissance à de nouveaux organismes toujours plus complexes. L'être humain, comme tous les organismes vivants qu'il côtoie aujourd'hui, est le résultat d'un très long processus de sélection naturelle et de lutte pour la survie. L'explication qui fait consensus pour rendre compte de l'étonnante diversité des formes vivantes qui se sont succédé, en dérivant les unes des autres, invoque le rôle joué par la sélection naturelle. L'environnement planétaire se modifie en permanence, et induit un réajustement constant des communautés vivantes aux nouvelles règles de vie. Plusieurs scientifiques ont formulé de nombreuses critiques à l'égard du darwinisme. Pourtant, tous considèrent la théorie de la sélection naturelle comme le noyau de la théorie de l'évolution et elle est maintenant admise par l'univers scientifique au grand complet malgré quelques réticences dans certains milieux religieux plus radicaux. Le XXe siècle aura apporté beaucoup à ce que Darwin ne pouvait pas encore découvrir, les mécanismes internes à chaque organisme vivant, qui permettent l'évolution. Les découvertes des gènes, puis de la molécule d'ADN, de sa capacité à intégrer des changements dans sa structure et à les transmettre de façon héréditaire, marquent un tournant. La variabilité des génomes a conduit au cours de l'évolution à l'apparition de nouvelles espèces. Au fil des générations et chez toutes les espèces, l'accumulation de mutations et de duplications de gènes fait apparaître de nouveaux gènes au sein d'une population. Il faut garder à l'esprit que ces phénomènes ont eu pour se produire un temps extrêmement long, sur un très grand nombre d'individus. La propagation de ces innovations génétiques au cours du temps est la base de l'évolution des espèces. Nul doute que l'étude de l'évolution de ces génomes, qui appelle plusieurs disciplines comme la biologie moléculaire, la génétique, la génomique et la bio-informatique, permettra dans un futur proche de répondre à certaines énigmes évolutives, et de dater l'apparition de certaines espèces, l'homme en tête. L'étude de l'évolution en appelle aussi à l'humilité chez l'homme. Si nos capacités d'adaptation témoignent de la complexité de notre être biologique, nous ne sommes pas le but de l'évolution. L'évolution ne va nulle part, elle est sans but. Ce n'est pas une puissance suprême qui choisit de manière consciente les espèces qui doivent exister et celles qui doivent disparaître. Il s'agit plutôt de la conséquence d'une série d'événements biologiques, qui s'organisent autour du phénomène de sélection naturelle et de lutte pour la survie qui affectent tout être vivant, sans exception. L'évolution ne fait que favoriser les êtres les mieux adaptés à leur milieu. En raison de ses activités, l'homme fragilise pourtant beaucoup l'environnement et la biosphère, et serait à l'origine de la sixième crise d'extinction des espèces. Notre activité va-t-elle profondément modifier la vie sur Terre et briser ce processus évolutif ? L'homme doit garder en mémoire qu'il n'est qu'une espèce parmi d'autres, et que lui aussi sera amené à disparaître. On peut difficilement prévoir ce qu'il en sera après nous, bien qu'on puisse imaginer l'apparition d'espèces ayant une structure biologique de plus en plus complexe.

Bibliographie

Ouvrages scientifiques

Jay Gould Stephen, *Darwin et les grandes énigmes de la vie*, Éditions du Seuil, 1984.
Le Guyader Hervé (sous la dir.), *L'Évolution*, Éditions Pour la science, 1998.
David Patrice et Samadi Sarah, *La théorie de l'évolution : Une logique pour la biologie*, Flammarion, 2000.
Allano Louis et Clamens Alex, *L'évolution : des faits aux mécanismes*, Éditions Ellipses, 2000.
Dawkins Richard, *Qu'est-ce que l'évolution? Le fleuve de la vie*, Hachette, 2005.
De Panafieu Jean-Baptiste et Gries Patrick, *Évolution*, Éditions Xavier Barral, 2007.
Massa Renato, *L'Évolution : l'aventure de la matière vivante*, Editions du Rouergue, 2007.
Meinesz Alexandre, *Comment la vie a commencé : les trois genèses du vivant*, Éditions Belin, 2008.
Darwin Charles, *L'Origine des espèces : Au moyen de la sélection naturelle ou la préservation des races favorisées dans la lutte pour la vie*, Flammarion, 2008.
Micquel Paul-Antoine (sous la dir.), *Biologie du XXIe siècle, évolution des concepts fondateurs*, Éditions De Boeck, 2008.
Cobut Gérard (sous la dir.), *Comprendre l'évolution : 150 ans après Darwin*, Éditions De Boeck, 2009.
Gall Jean-Claude, Des premières bactéries à l'homme : L'histoire de nos origines, Éditions L'Harmattan, 2009.
Langlois Cyril, *De Burgess au Gabon : les plus anciennes traces fossiles de pluricellulaires*, Olivier Dequincey, 2010.

Sites internet

www.lamarck.cnrs.fr/
www.cnrs.fr/cw/dossiers/dosevol/decouv/normal/normal.html
www.futura-sciences.com
www.modernhumanorigins.com
www.hominides.com
www.mnhn.fr
www.cnrs.fr/cw/dossiers/Origine/
www.cnrs.fr/cw/dossiers/dosevol/decouv/normal/normal.html
www.snv.jussieu.fr
http://planet-terre.ens-lyon.fr
http://evolution.berkeley.edu/evolibrary/home.php
http://darwin-online.org.uk
http://aboutdarwin.com

EDITIONS ESI

60, rue Vitruve, 75020 Paris

Imprimé en France par Mame Imprimeurs
© Éditions ESI - Dépôt légal : mai 2011 - Achevé d'imprimer : mai 2011
ISBN : 978-2-35355-701-1 - N° Sofédis : S464957